A EQUAÇÃO DE DEUS

MICHIO KAKU

A EQUAÇÃO DE DEUS

Tradução
Alexandre Cherman

Revisão técnica
Marcello Neto

2ª edição

EDITORA RECORD
RIO DE JANEIRO • SÃO PAULO
2023

CIP-BRASIL. CATALOGAÇÃO NA PUBLICAÇÃO
SINDICATO NACIONAL DOS EDITORES DE LIVROS, RJ

K19e

Kaku, Michio, 1947-
  A equação de Deus / Michio Kaku; tradução de Alexandre Cherman. – 2ª ed. – Rio de Janeiro: Record, 2023.

  Tradução de: The God Equation
  Apêndice
  Inclui índice
  ISBN 978-65-5587-468-6

  1. Cosmologia. 2. Teoria do big bang. 3. Teoria quântica. I. Cherman, Alexandre. II. Título.

22-77427

CDD: 523.1
CDU: 52

Gabriela Faray Ferreira Lopes – Bibliotecária – CRB-7/6643

Título em inglês:
The God Equation

Copyright © 2021 by Michio Kaku

Texto revisado segundo o novo Acordo Ortográfico da Língua Portuguesa.

Todos os direitos reservados. Proibida a reprodução, no todo ou em parte, através de quaisquer meios. Os direitos morais do autor foram assegurados.

Direitos exclusivos de publicação em língua portuguesa somente para o Brasil adquiridos pela
EDITORA RECORD LTDA.
Rua Argentina, 171 – Rio de Janeiro, RJ – 20921-380 – Tel.: (21) 2585-2000, que se reserva a propriedade literária desta tradução.

Impresso no Brasil

ISBN 978-65-5587-468-6

EDITORA AFILIADA

Seja um leitor preferencial Record.
Cadastre-se no site www.record.com.br e receba informações sobre nossos lançamentos e nossas promoções.

Atendimento e venda direta ao leitor:
sac@record.com.br

Para a minha amada esposa, Shizue, e para minhas filhas,
Dra. Michelle Kaku e Alyson Kaku

SUMÁRIO

INTRODUÇÃO À TEORIA FINAL   11

1 UNIFICAÇÃO — O SONHO ANTIGO   17

2 A BUSCA DE EINSTEIN PELA UNIFICAÇÃO   41

3 A ASCENSÃO DO QUANTUM   59

4 A TEORIA DE QUASE TUDO   83

5 O UNIVERSO ESCURO   109

6 O SURGIMENTO DA TEORIA DAS CORDAS: PROMESSAS
E PROBLEMAS   141

7 ENCONTRANDO SENTIDO NO UNIVERSO   179

AGRADECIMENTOS   193

NOTAS   195

LEITURA RECOMENDADA   207

ÍNDICE   211

A EQUAÇÃO DE DEUS

INTRODUÇÃO À TEORIA FINAL

Era para ser a teoria final, um único sistema que unificaria todas as forças do cosmos e explicaria tudo, da expansão do universo ao comportamento das mais diminutas partículas subatômicas. O desafio era escrever uma equação cuja elegância matemática abarcaria a física como um todo.

Alguns dos físicos mais importantes do mundo embarcaram nessa jornada. Stephen Hawking até apresentou uma palestra com o auspicioso título: "Será que o fim está próximo para a física teórica?"

Se uma teoria assim tivesse êxito, seria a coroação da ciência. Ela se tornaria o santo graal da física, uma única fórmula a partir da qual, em princípio, todas as outras equações poderiam ser derivadas, começando pelo Big Bang e indo até o fim do universo. Seria o produto final de dois mil anos de investigação científica desde que nossos antepassados se perguntaram: "Do que é feito o mundo?"

É de tirar o fôlego.

O SONHO DE EINSTEIN

A primeira vez que me deparei com os desafios que esse sonho traz foi aos oito anos de idade. Certo dia, os jornais anunciaram que um grande cientista tinha morrido. Havia uma foto inesquecível no jornal.

Era uma imagem de sua mesa, com um caderno aberto. A legenda anunciava que o maior cientista da nossa era não havia conseguido terminar o trabalho que começara. Eu fiquei fascinado. O que poderia ser tão difícil que nem o grande Einstein teria conseguido resolver?

Aquele caderno continha sua inacabada teoria de tudo, que era como Einstein chamava a teoria do campo unificado. Ele buscava uma equação, que talvez coubesse em uma única linha, que lhe permitisse, em suas palavras, "ler a mente de Deus".

Sem compreender por completo o tamanho desse problema, eu decidi seguir os passos de Einstein, na esperança de contribuir um pouco com a conclusão dessa jornada.

Porém muitos outros também tentaram e falharam. Como Freeman Dyson, físico de Princeton, disse certa vez, o caminho para a teoria do campo unificado está pavimentado com os cadáveres de tentativas frustradas.

Hoje, entretanto, muitos físicos de ponta acreditam que estamos convergindo para uma solução.

A candidata mais promissora (e, na minha opinião, a única candidata) é a teoria das cordas, que diz que o universo não é feito de partículas puntiformes, mas sim de minúsculas cordas vibrantes, onde cada modo de vibração corresponde a uma partícula subatômica.

Se tivéssemos um microscópio poderoso o suficiente, poderíamos ver que elétrons, quarks, neutrinos etc. são nada mais do que vibrações de laços minúsculos, parecidos com elásticos de borracha. Se colocarmos esses elásticos para vibrar inúmeras vezes e de formas diferentes, eventualmente conseguiremos criar todas as partículas subatômicas conhecidas no universo. Isso quer dizer que todas as leis da física podem ser explicadas através dos modos de vibração dessas pequenas cordas. A química é um conjunto de melodias que podemos tocar com elas. O universo é uma sinfonia. E a mente de Deus, a que Einstein eloquentemente se referiu, é uma música cósmica que se espalha pelo espaço-tempo.

Esse não é só um problema acadêmico. Todas as vezes que os cientistas descobriram uma nova força, isso mudou a história da civilização e alterou o destino da humanidade. Por exemplo, a descoberta de Isaac Newton das leis do movimento e da gravitação pavimentou o caminho para a era das máquinas e para a Revolução Industrial. As explicações de Michael Faraday e de James Maxwell para a eletricidade e para o magnetismo nos levaram à iluminação generalizada de nossas cidades e nos deram poderosos motores e geradores elétricos, assim como comunicação instantânea via rádio e televisão. A equação $E = mc^2$ de Albert Einstein explicou o funcionamento das estrelas e nos ajudou a desvendar a força nuclear. Quando Erwin Schrödinger, Werner Heisenberg e outros cientistas desvendaram os segredos da teoria quântica, eles nos deram a revolução high-tech atual, com supercomputadores, lasers, a internet e todos os aparatos maravilhosos que temos sempre à mão, seja no trabalho ou no aconchego do nosso lar.

Em última análise, as maravilhas tecnológicas modernas devem sua origem ao trabalho de cientistas que descobriram as forças fundamentais que movem o mundo. Agora os cientistas podem estar convergindo para uma teoria que unifique essas quatro forças da natureza (gravidade, força eletromagnética e as forças nucleares forte e fraca) em uma teoria única. Isso pode responder a alguns dos mais profundos mistérios e questionamentos de toda a ciência, como:

- O que aconteceu antes do Big Bang? Por que ele aconteceu afinal?
- O que existe do outro lado de um buraco negro?
- Viagens no tempo são possíveis?
- Existem buracos de minhoca para outros universos?
- Existem outras dimensões?
- Existe um multiverso feito de universos paralelos?

Este livro é sobre a busca incansável para encontrar essa teoria final e todos os atalhos e becos sem saída bizarros que certamente formam um dos capítulos mais estranhos e curiosos da história da física.

Juntos, vamos visitar todas as revoluções anteriores, que nos deram nossas maravilhas tecnológicas, começando com a revolução newtoniana, passando pelo domínio da força eletromagnética, pelo desenvolvimento da relatividade e da teoria quântica, e pela teoria das cordas atual.

E vamos explicar como essa teoria também pode elucidar os mais profundos mistérios do espaço e do tempo.

UM EXÉRCITO DE CRÍTICOS

Entretanto, existem obstáculos. Mesmo com toda a animação que a teoria das cordas nos traz, os críticos têm sido incansáveis em apontar seus defeitos. E, depois de todo o frenesi inicial, os avanços simplesmente estagnaram.

O problema mais óbvio é que, mesmo com toda a divulgação exaltando sua beleza e complexidade, a teoria das cordas ainda não apresentou evidências reais; não foi testada. Imaginávamos que o LHC (Grande Colisor de Hádrons, na sigla em inglês), perto de Genebra, na Suíça, que é o maior acelerador de partículas já construído, poderia nos trazer provas concretas da teoria final, mas isso não aconteceu. O LHC conseguiu encontrar o bóson de Higgs ("a partícula de Deus"), mas esta partícula é apenas uma pequena peça da teoria final.

Ainda que propostas ambiciosas para a construção de aceleradores ainda mais potentes que o LHC tenham sido feitas, não há garantia alguma de que esses equipamentos caríssimos vão encontrar alguma coisa. Ninguém sabe ao certo a energia necessária para encontrarmos partículas subatômicas que corroborem a teoria.

Mas talvez a crítica mais contundente à teoria das cordas é que ela pressupõe um multiverso de universos. Einstein disse certa vez que a questão fundamental era: será que Deus teve escolha em criar o universo? O universo é único? A teoria das cordas é única, mas ela provavelmente tem um número infinito de soluções possíveis. Os físicos chamam isso de "Problema do Cenário", o fato de que o nosso universo talvez seja apenas uma solução em um conjunto de tantas outras soluções igualmente válidas. Se o nosso universo é uma possibilidade entre muitas, então qual é exatamente o nosso universo? Por que vivemos neste universo em particular, e não em outro? Qual é, então, o poder preditivo da teoria das cordas? É uma teoria de tudo ou uma teoria de qualquer coisa?

Eu confesso que tenho um interesse particular nessa busca. Eu trabalho com teoria das cordas desde 1968, desde que ela surgiu de forma acidental, sem aviso, de forma totalmente inesperada. Eu acompanhei sua incrível evolução, de uma teoria que era uma única equação até se tornar uma nova área da ciência capaz de preencher corredores e corredores de várias bibliotecas com seus artigos publicados. Hoje, a teoria das cordas é a base da maioria das pesquisas sendo conduzidas pelos laboratórios mais avançados do mundo. Este livro, eu espero, vai lhe dar uma análise objetiva e equilibrada das conquistas e das limitações da teoria das cordas.

Ele também vai explicar por que essa busca capturou a imaginação dos mais renomados cientistas do mundo e por que essa teoria desperta tanta paixão e controvérsia.

1

UNIFICAÇÃO — O SONHO ANTIGO

Observando o esplendor magnífico do céu noturno, cercado por todas as estrelas brilhantes do firmamento, é fácil se sentir intimidado por essa grandiosidade de tirar o fôlego. Nossos pensamentos são levados a algumas das questões mais misteriosas de todos os tempos.

Existe um planejamento geral para o universo?

Como dar sentido a um cosmos aparentemente sem sentido?

Existe alguma razão para existirmos ou é tudo sem finalidade?

Nessas horas eu penso no poema de Stephen Crane:

Um homem disse ao universo:

— Senhor, eu existo!

— Todavia — respondeu o universo —, esse fato não cria em mim nenhum sentimento de responsabilidade.

Os gregos estão entre os primeiros a tentar, de forma séria e sistemática, dar sentido ao caos do mundo à nossa volta. Filósofos como Aristóteles acreditavam que tudo poderia ser reduzido a uma mistura de quatro ingredientes fundamentais, ou elementos: terra, ar, fogo e água. Mas como esses quatro elementos se combinam para formar a rica complexidade do mundo?

Os gregos ofereceram pelo menos duas respostas para essa pergunta.

A primeira veio do filósofo Demócrito, antes mesmo de Aristóteles. Ele acreditava que tudo poderia ser reduzido a pequenas partículas invisíveis e indestrutíveis às quais ele chamou de átomos (literalmente "indivisíveis", em grego). Seus críticos, no entanto, lembravam que evidências diretas da existência dos átomos eram impossíveis de serem obtidas porque eles eram muito pequenos para serem observados. Mas Demócrito foi capaz de mostrar fortes evidências indiretas.

Imagine um anel feito de ouro, por exemplo. Ao longo dos anos, o anel vai ficando desgastado. Algo está sendo perdido. Todos os dias, alguns minúsculos pedacinhos de matéria são perdidos pelo anel. Assim, mesmo que os átomos sejam invisíveis, sua existência pode ser medida indiretamente.

Nos dias de hoje, inclusive, a maior parte da ciência avançada é feita de forma indireta. Nós conhecemos a composição do sol, a estrutura detalhada do DNA e a idade do universo, tudo graças a medições indiretas. Sabemos tudo isso mesmo nunca tendo visitado as estrelas, entrado em uma molécula de DNA ou testemunhado o Big Bang. Esta distinção entre evidências diretas e indiretas será fundamental quando falarmos sobre as tentativas de se comprovar a teoria do campo unificado.

Uma segunda abordagem foi criada pelo grande matemático Pitágoras.

Pitágoras teve a ideia de aplicar uma descrição matemática a fenômenos mundanos como a música. Diz a lenda que ele percebeu semelhanças entre o som emitido ao se dedilhar uma lira com as ressonâncias provocadas pelo choque de um martelo contra uma barra de metal. Ele percebeu que em ambos os casos eram criadas frequências musicais que vibravam de acordo com algumas razões matemáticas. Assim, algo tão satisfatório esteticamente quanto a música teria sua origem na matemática das ressonâncias. Isso, pensou ele, poderia significar que a diversidade de objetos que vemos ao nosso redor devesse obedecer a essas mesmas regras matemáticas.

Então pelo menos duas grandes teorias modernas surgiram na Grécia antiga: a ideia de que tudo é formado por átomos invisíveis e indestrutíveis e a ideia de que a diversidade da natureza pode ser descrita através da matemática das vibrações.

Infelizmente, com o colapso da civilização clássica, esses debates e discussões filosóficas se perderam. O conceito de que haveria um paradigma que explicasse o universo foi esquecido por quase mil anos. As trevas se espalharam pelo mundo ocidental, e a indagação científica deu lugar à crença em superstições, magia e feitiçaria.

A RETOMADA DA RENASCENÇA

No século XVII, alguns grandes cientistas desafiaram o status quo e começaram a investigar a natureza do universo; eles enfrentaram uma forte oposição e foram perseguidos. Johannes Kepler, um dos primeiros a usar a matemática para explicar o movimento dos planetas, era conselheiro do imperador Rodolfo

II e talvez tenha conseguido escapar da perseguição por incluir piamente elementos religiosos em seu trabalho científico.

O ex-monge Giordano Bruno não teve tanta sorte. Em 1600, ele foi julgado e condenado à morte por heresia. Ele foi amordaçado e levado nu pelas ruas de Roma para, finalmente, ser queimado vivo em praça pública. Seu crime? Declarar que talvez existisse vida em planetas orbitando outras estrelas.

O grande Galileu, pai da ciência experimental, quase teve o mesmo destino. Mas, diferentemente de Bruno, Galileu retratou--se quando ameaçado de morte. Ainda assim, ele deixou um telescópio como legado, talvez a invenção mais revolucionária e rebelde na história da ciência. Com um telescópio, você podia ver com seus próprios olhos que a lua era coberta por crateras; que Vênus apresentava fases consistentes com uma órbita ao redor do sol; que Júpiter tinha luas. Todas, ideias hereges.

Infelizmente ele foi posto em prisão domiciliar, impedido de receber visitas e, eventualmente, ficou cego. (Dizem que foi porque teria certa vez olhado diretamente para o sol com seu telescópio.) Galileu era um homem falido quando morreu. Mas naquele mesmo ano um bebê nascia na Inglaterra. E ele iria crescer para terminar os trabalhos de Kepler e Galileu, nos dando uma teoria unificada sobre os céus.

A TEORIA DAS FORÇAS DE NEWTON

Isaac Newton é talvez o maior cientista de todos os tempos. Em um mundo obcecado com magia e feitiçaria, ele ousou escrever leis universais que explicavam os céus e inventou uma nova matemática, o cálculo, para estudar forças.

UNIFICAÇÃO — O SONHO ANTIGO

O físico norte-americano Steven Weinberg escreveu: "É com Isaac Newton que o sonho moderno de uma teoria final realmente começa." Nos tempos de Newton, sua teoria era considerada a teoria de tudo — isto é, uma teoria que descrevia todos os movimentos.

Tudo começou quando ele tinha apenas 23 anos de idade. A Universidade de Cambridge estava fechada por causa da Peste Negra. Certo dia, em 1666, enquanto caminhava pelos jardins de sua propriedade no campo, ele viu uma maçã cair. Foi quando elaborou uma pergunta que mudaria o curso da história da humanidade.

Se uma maçã cai, a lua cai também?

Antes de Isaac Newton, a Igreja ensinava que havia dois tipos de lei. O primeiro tipo se referia às leis que valiam na Terra, que eram corrompidas pelos pecados dos mortais. O segundo tipo abrangia as leis puras, perfeitas e harmoniosas encontradas nos céus.

A essência da ideia de Newton era a proposta de uma teoria de unificação que abrangesse os céus e a Terra.

Em seu caderno de anotações, ele desenhou uma imagem fatídica (ver figura 1).

Se uma bala de canhão é disparada do alto de uma montanha, ela percorre uma certa distância antes de atingir o solo. Mas se ela for disparada com velocidades cada vez maiores, a distância percorrida será cada vez maior, até que ela acabará completando um círculo ao redor da Terra e retornará ao ponto de origem. Ele concluiu que a lei natural que governa maçãs e balas de canhão, a gravidade, também mantém a lua em órbita ao redor da Terra. A física terrestre e celeste era a mesma.

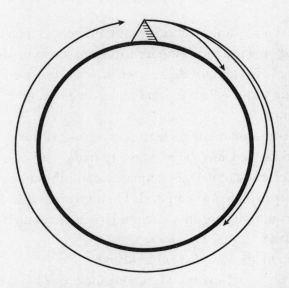

Figura 1. Você pode disparar uma bala de canhão com cada vez mais energia, de modo que eventualmente ela dê uma volta completa ao redor da Terra e retorne ao ponto de partida. Newton disse que isso explicava a órbita da lua, unificando as leis físicas terrestres com as leis físicas dos corpos celestes.

Ele fez isso introduzindo o conceito de forças. Os objetos se moviam porque eram puxados ou empurrados por forças que eram universais e podiam ser medidas precisa e matematicamente. (Antes disso, alguns teólogos defendiam que os objetos se moviam por desejos e que, portanto, eles caíam porque desejavam se unir à Terra.)

Assim, Newton introduziu o conceito-chave da unificação.

Mas Newton era famoso por ser um homem reservado e manteve seu trabalho em segredo. Ele tinha poucos amigos, era incapaz de uma conversa amena e estava frequentemente envolvido em disputas com outros cientistas sobre a primazia de suas descobertas.

Em 1682, um evento sensacional aconteceu e mudou o curso da história. Um cometa cruzou os céus de Londres. Todos, de reis e rainhas a mendigos, ficaram enlouquecidos com isso. De onde vinha o cometa? Para onde estava indo? O que ele anunciava?

Um homem que ficou particularmente interessado pelo cometa foi o astrônomo Edmond Halley. Ele foi a Cambridge se encontrar com o famoso Isaac Newton, já bastante conhecido por sua teoria da luz. (Ao passar a luz do sol por um prisma, Newton havia demonstrado que a luz branca poderia ser separada em todas as cores do arco-íris, provando que a luz branca era uma composição de todas as cores. Ele também tinha inventado um novo tipo de telescópio que usava espelhos refletores em vez de lentes.) Quando Halley perguntou a Newton sobre o cometa de que todos estavam falando, ficou chocado ao ouvir que Newton poderia demonstrar que os cometas se moviam em órbitas elípticas ao redor do sol e que dava até para prever suas trajetórias usando sua própria teoria da gravidade. Newton vinha acompanhando alguns cometas com o telescópio que ele havia montado e eles se moviam exatamente como ele esperaria que se movessem.

Halley ficou impressionado. Ele percebeu imediatamente que estava testemunhando um marco na ciência e se ofereceu para pagar os custos de impressão do que viria a ser uma das grandes obras-primas da ciência: *Os princípios matemáticos da filosofia natural*, ou simplesmente, o *Principia*.

Mais ainda: ao perceber que Newton estava prevendo que os cometas retornavam em intervalos regulares, Halley calculou que o cometa de 1682 voltaria em 1758. (O cometa de Halley cruzou os céus da Europa no Natal em 1758, como previsto, ajudando a consolidar, postumamente, a fama de Newton e de Halley.)

A EQUAÇÃO DE DEUS

A teoria do movimento e da gravitação de Newton permanece como um dos grandes feitos da mente humana, um único princípio unificando as leis de movimento conhecidas até então. Alexander Pope escreveu: *A natureza e suas leis estavam escondidas. Deus disse: que seja feito Newton! E fez-se a luz.*

Mesmo hoje, são as leis de Newton que permitem aos engenheiros da Nasa guiar sondas espaciais pelo sistema solar.

O QUE É SIMETRIA?

A lei da gravidade de Newton também é notável porque possui uma simetria, de tal forma que a equação permanece inalterada se fizermos uma rotação. Imagine uma esfera ao redor da Terra. A força da gravidade é igual em todos os seus pontos. Na verdade, é por isso que a Terra é esférica, e não de outro formato qualquer: porque a gravidade comprimiu a Terra uniformemente. É por isso que nunca vemos estrelas em forma de cubo ou planetas em forma de pirâmide. (Pequenos asteroides normalmente têm formatos irregulares porque a força da gravidade neles é muito pequena para comprimi-los uniformemente.)

O conceito de simetria é simples, elegante e intuitivo. Além disso, ao longo deste livro, veremos que uma simetria não é somente uma fachada frívola de uma teoria, mas é na verdade uma propriedade essencial que indica um princípio físico profundo sobre o universo.

Mas o que é uma equação é simétrica? *Um objeto é simétrico se, após suas partes terem sido rearrumadas, ele permanecer o mesmo, ou invariante.* Por exemplo, uma esfera é simétrica porque ela permanece igual após uma rotação.

E como expressar isso matematicamente? Pense na Terra girando ao redor do sol (ver figura 2). O raio da órbita da Terra é dado por R, que permanece constante conforme a Terra se move (na verdade, a órbita da Terra é uma elipse, então R varia um pouco, mas isso não é importante para o exemplo). As coordenadas da órbita da Terra são dadas por X e Y. À medida que a Terra se move, X e Y variam, mas R permanece inalterado — é invariante.

As equações de Newton preservam essa simetria, isto é, a gravidade entre a Terra e o sol permanece a mesma à medida que a Terra orbita o sol. Nosso referencial muda, as leis não. Não importa a orientação que utilizamos para abordar um problema, as regras não mudam e os resultados serão os mesmos.

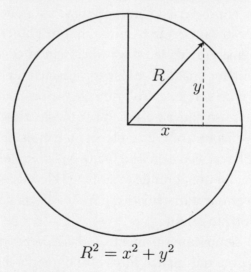

$$R^2 = x^2 + y^2$$

Figura 2. Enquanto a Terra gira ao redor do sol, o raio R de sua órbita permanece o mesmo. As coordenadas X e Y da Terra mudam constantemente, mas R é invariante. Pelo teorema de Pitágoras, sabemos que $X^2+Y^2=R^2$. Então a equação de Newton possui uma simetria quando a expressamos tanto em termos de R (porque R é invariante) ou em termos de X e Y (via teorema de Pitágoras).

A CONFIRMAÇÃO DAS LEIS DE NEWTON

Nós vamos nos deparar com esse conceito de simetria muitas e muitas vezes quando discutirmos a teoria do campo unificado. Na verdade, veremos que a simetria é uma das nossas ferramentas mais importantes para unificar as forças da natureza.

A CONFIRMAÇÃO DAS LEIS DE NEWTON

Ao longo dos séculos, muitas confirmações das leis de Newton foram obtidas, e elas tiveram um impacto enorme na ciência e na sociedade. No século XIX, astrônomos perceberam uma pequena anomalia no céu. O planeta Urano estava se desviando um pouco do que era previsto pelas leis de Newton. Sua órbita não era uma elipse perfeita, mas oscilava um pouco. Ou as leis de Newton estavam erradas ou havia um planeta ainda não descoberto cuja gravidade estava interferindo com a órbita de Urano. A confiança nas leis de Newton era tão grande que físicos como Urbain Le Verrier calcularam minuciosamente onde esse planeta misterioso poderia estar. Em 1846, na primeira tentativa, astrônomos encontraram esse planeta a menos de um grau da posição que havia sido prevista. O novo planeta foi batizado de Netuno. Essa foi uma grande façanha das leis de Newton, e foi a primeira vez que a matemática pura foi usada para descobrir um grande objeto celeste.

Como dissemos anteriormente, todas as vezes que cientistas decifraram uma das quatro forças fundamentais do universo elas revelaram não somente os segredos da natureza, mas também revolucionaram a própria sociedade. As leis de Newton não só desvendaram os segredos dos planetas e dos cometas, elas também sedimentaram novas leis da mecânica, que usamos até

UNIFICAÇÃO — O SONHO ANTIGO

hoje para projetar arranha-céus, motores, aviões, trens, pontes, submarinos e foguetes. Por exemplo, os físicos do século XIX usaram as leis de Newton para explicar a natureza do calor. Naquela época, cientistas especulavam que o calor era algum tipo de líquido que se espalhava por uma substância. Mas os estudos mais aprofundados mostraram que o calor era na verdade moléculas em movimento, parecidas com pequenas esferas metálicas colidindo constantemente umas com as outras. As leis de Newton nos permitiram calcular com precisão como duas esferas metálicas se comportam durante o choque. Depois disso, foi só expandir esse comportamento para trilhões e trilhões de moléculas para calcular as propriedades do calor. (Por exemplo, quando o gás em uma câmara é aquecido, ele se expande de acordo com as leis de Newton, uma vez que o calor aumenta a velocidade das moléculas dentro da câmara.)

Os engenheiros puderam então usar esses cálculos para aperfeiçoar a máquina a vapor. Eles podiam calcular a quantidade de carvão necessária para transformar água em vapor, que depois seria usado para movimentar engrenagens, pistões, rodas e manivelas para mover as máquinas. Com a chegada da máquina a vapor no século XIX, a energia disponível para um trabalhador aumentou para centenas de cavalos de força. De repente, trilhos de aço estavam ligando partes distantes do mundo e o fluxo de produtos, conhecimento e pessoas aumentou consideravelmente.

Antes da Revolução Industrial, produtos eram confeccionados por um pequeno grupo de artesãos habilidosos que se esforçavam muito para produzir até mesmo os itens mais simples. Eles também mantinham em segredo o conhecimento para fazê-los. Portanto, os produtos manufaturados eram poucos e caros. Com o surgimento da máquina a vapor e de todo o maquinário que dela derivou, produtos manufaturados podiam ser feitos com uma fração mínima do custo original, aumentando imensamente a riqueza coletiva das nações e melhorando muito o nosso padrão de vida.

Quando ensino as leis de Newton para futuros engenheiros, tento enfatizar que essas leis não são apenas equações chatas e complicadas, mas que elas mudaram o curso da civilização moderna, criando a riqueza e a prosperidade que nos cercam. Às vezes até mostro para os alunos o colapso catastrófico da Ponte de Tacoma Narrows, no estado de Washington, em 1940, registrado em vídeo, como um exemplo gritante do que acontece quando fazemos mau uso das leis de Newton.

As leis de Newton, baseadas na unificação da física dos céus e da física da Terra, ajudaram a construir a primeira grande revolução tecnológica.

O MISTÉRIO DA ELETRICIDADE E DO MAGNETISMO

Demoraria mais duzentos anos para o próximo avanço, que veio com o estudo da eletricidade e do magnetismo.

Os antigos sabiam que o magnetismo podia ser controlado; a bússola, inventada pelos chineses, se utilizava do poder do magnetismo e ajudou a fundar uma era de descobrimentos. Mas os nossos antepassados temiam o poder da eletricidade. Eles acreditavam que raios representavam a ira dos deuses.

O homem que finalmente construiu as fundações desse ramo da ciência foi Michael Faraday, um jovem pobre e engenhoso sem nenhuma educação formal na área. Ainda criança, ele conseguiu um emprego como assistente na Royal Institution, em Londres. Normalmente, alguém vindo de sua classe social estaria destinado a varrer o chão, lavar garrafas e se esconder nas sombras. Mas este jovem era tão incansável e curioso que seus supervisores permitiram que ele realizasse alguns experimentos.

Faraday faria algumas das maiores descobertas sobre a eletricidade e o magnetismo. Ele mostrou que se um ímã for movido por dentro de um arco de material condutor, eletricidade será gerada nesse arco. Essa era uma descoberta incrível e importante, já que a relação entre eletricidade e magnetismo era completamente desconhecida à época. E era possível mostrar o inverso também, que um campo elétrico em movimento era capaz de criar um campo magnético.

Lentamente Faraday percebeu que esses dois fenômenos eram na verdade dois lados de uma mesma moeda. Essa observação simples ajudaria a criar a era da eletricidade, na qual gigantescas usinas hidrelétricas iluminariam cidades inteiras. (Em uma usina hidrelétrica, a água do rio faz girar uma roda, que move um ímã, que força elétrons a se moverem por um fio, e isso leva corrente elétrica às tomadas da sua casa. O efeito oposto, transformar campo elétrico em campo magnético, é a razão pela qual seu aspirador de pó funciona. A eletricidade da tomada faz um ímã girar, e isso faz a bomba de sucção do aspirador funcionar.)

Mas como Faraday não tinha educação formal, não possuía o domínio da matemática que lhe permitisse descrever suas notáveis descobertas. Em vez disso, preencheu vários cadernos com estranhos diagramas mostrando linhas de força que se pareciam com a teia de linhas de limalhas de ferro que é construída ao redor de um ímã. Ele também inventou o conceito de campo, um dos mais importantes de toda a física. Um campo é o conjunto de todas essas linhas distribuídas pelo espaço. As linhas magnéticas estão ao redor de todos os ímãs, e o campo magnético da Terra emana do polo norte, se espalha pelo espaço e retorna para o polo sul. Até a teoria da gravidade de Newton pode ser descrita em termos de campos, de tal maneira que a Terra se move ao redor do sol porque ela está sujeita ao seu campo gravitacional.

A descoberta de Faraday ajudou a explicar a origem do campo magnético ao redor da Terra. Já que a Terra gira, as cargas elétricas em seu interior também giram. Esse movimento constante dentro do planeta é o que causa o campo magnético. (Mas isso ainda deixava um mistério em aberto: de onde vem o campo magnético de um ímã comum, já que não há nada se movendo ou girando em seu interior? Voltaremos a esse mistério mais à frente.) Nos dias de hoje, todas as forças do universo são descritas em termos de campos inventados por Faraday.

Dada a imensa contribuição de Faraday no surgimento da era da eletricidade, o físico Ernest Rutherford o nomeou como "o maior descobridor científico de todos os tempos".

Faraday também era diferente de seus contemporâneos em outro aspecto: gostava de demonstrar suas descobertas para o público. Era famoso por suas Palestras de Natal, onde convidava todo mundo para ir à Royal Institution em Londres assistir a um espetáculo mágico de eletricidade. Ele costumava entrar em uma sala cujas paredes estavam revestidas de metal (o que chamamos de "gaiola de Faraday") e deixava a corrente elétrica fluir ao seu redor. E mesmo o metal à sua volta estando claramente eletrificado, ele permanecia seguro porque o campo elétrico se espalhava pela superfície da sala, de modo que o campo elétrico em seu interior permanecia zero. Hoje esse efeito é usado para proteger micro-ondas e outros dispositivos mais delicados de campos elétricos indesejados, ou para proteger aviões a jato, alvos de descargas elétricas atmosféricas. (Num programa que apresentei para o Science Channel, entrei numa gaiola de Faraday no Museu de Ciências de Boston. Faíscas elétricas gigantescas, de até dois milhões de volts, voavam ao meu redor, preenchendo o auditório com estalos e trovões. Mas eu não senti nada.)

AS EQUAÇÕES DE MAXWELL

Newton havia mostrado que objetos se movem ao serem empurrados por forças, que podiam ser descritas através do cálculo. Faraday mostrou que a eletricidade se movia porque era empurrada por um campo. Mas o estudo dos campos carecia de um novo ramo da matemática, que foi organizado pelo matemático de Cambridge James Clerk Maxwell e batizado de cálculo vetorial. Assim, do mesmo modo que Kepler e Galileu construíram as bases da física newtoniana, Faraday pavimentou o caminho para as equações de Maxwell.

Maxwell era um prodígio da matemática que fez grandes avanços na física. Ele percebeu que o comportamento da eletricidade e do magnetismo, descoberto por Faraday e tantos outros, poderia ser resumido de forma precisa em linguagem matemática. Uma lei dizia que um campo magnético em movimento criava um campo elétrico. Outra lei dizia o oposto, que um campo elétrico em movimento produzia um campo magnético.

Então Maxwell teve uma ideia revolucionária. E se um campo elétrico variável criasse um campo magnético, que por sua vez criasse um novo campo elétrico, que gerasse um outro campo magnético etc.? Ele teve o brilhante *insight* de que o produto final disso seria uma onda se propagando, onde os campos elétricos e magnéticos estariam constantemente se transformando uns nos outros. Essa sequência infinita de transformações tinha vida própria, criando uma onda composta por vibrações dos campos elétrico e magnético. Usando o cálculo vetorial, ele calculou a velocidade de propagação dessa onda e obteve o resultado de 310.740 quilômetros por segundo. Ele tomou um susto! Dentro do erro experimental, esse valor era incrivelmente parecido com o da velocidade da luz (que atualmente sabemos ser de 299.792 km/s). Ele então deu o próximo, e audacioso, passo ao afirmar que aquilo *era* luz! A luz é uma onda eletromagnética.

Maxwell escreveu de forma profética: "Não podemos evitar a inferência de que a luz consiste em ondulações transversais do mesmo meio que é a causa dos fenômenos elétricos e magnéticos."

Hoje em dia, todos os estudantes de física e engenheiros elétricos precisam decorar as equações de Maxwell. Elas são a base das TVs, dos lasers, dos dínamos, dos geradores etc.

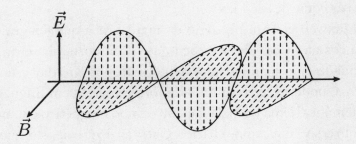

Figura 3. Os campos elétrico e magnético são dois lados de uma mesma moeda. Campos elétricos e magnéticos oscilantes transformam-se uns nos outros e se movem como uma onda. A luz é uma manifestação de uma onda eletromagnética.

UNIFICAÇÃO — O SONHO ANTIGO

Faraday e Maxwell unificaram a eletricidade e o magnetismo. E a chave para a unificação foi a simetria. As equações de Maxwell contêm uma simetria chamada de dualidade. Se o campo elétrico em um raio de luz é representado por E e o campo magnético por B, então as equações para a eletricidade e para o magnetismo permanecem inalteradas se trocarmos E por B e vice-versa. Essa dualidade mostra que a eletricidade e o magnetismo são duas manifestações da mesma força. Assim, a simetria entre E e B nos permite unificar eletricidade e magnetismo, dando origem a uma das maiores descobertas do século XIX.

Os físicos ficaram fascinados com essa descoberta. O Prêmio Berlim foi ofertado para qualquer um que conseguisse reproduzir as ondas de Maxwell em laboratório. Em 1886, o físico Heinrich Hertz conseguiu esse feito histórico.

Primeiramente, Hertz criou uma fagulha elétrica em um canto do seu laboratório. A alguns metros de distância estava um fio em forma de espiral. Hertz mostrou que, ao disparar a fagulha, ele conseguia gerar corrente elétrica no fio, provando que uma misteriosa onda havia se deslocado sem fio de um lugar ao outro. Este foi o prenúncio da criação de um novo fenômeno, chamado rádio. Em 1894, Guglielmo Marconi apresentou para o público essa nova forma de comunicação. Ele mostrou que era possível mandar mensagens sem fio através do Atlântico, com a velocidade da luz.

Com o surgimento do rádio, tínhamos então uma forma de comunicação veloz, conveniente e sem fio através de grandes distâncias. Historicamente, a falta de um meio de comunicação rápido e eficaz foi um dos maiores obstáculos à marcha da história. (No ano de 490 AEC, após a Batalha de Maratona entre gregos e persas, um pobre soldado foi obrigado a correr para espalhar a notícia da vitória grega. Corajosamente ele correu 42 km até Atenas, depois de já ter percorrido 235 km até Esparta e, segundo a lenda, morreu de exaustão. Seu heroísmo, na era anterior às telecomunicações, é celebrado até hoje nas maratonas modernas.)

Hoje nós achamos natural o fato de que podemos enviar mensagens e informações sem muito esforço através do globo, usando o fato de que a energia pode ser transformada de diferentes maneiras. Por exemplo, ao falarmos no celular, a energia sonora da sua voz é convertida em energia mecânica, que faz um diafragma vibrar. Esse diafragma se conecta a um ímã, que transforma essa energia mecânica em um impulso elétrico, que será lido e codificado por um computador. Esse impulso elétrico é então transformado em ondas eletromagnéticas, que são recebidas pela torre de transmissão mais próxima. Ali, a mensagem será amplificada e enviada ao redor do mundo.

Mas as equações de Maxwell não nos deram somente comunicação quase que instantânea via rádio, celular e cabos de fibra ótica; elas nos deram todo um espectro eletromagnético do qual a luz e o rádio são apenas partes. Nos anos 1660, Newton tinha mostrado que a luz branca, ao atravessar um prisma, pode ser separada nas cores do arco-íris. Em 1800, William Herschel ponderou a seguinte pergunta: o que há além das cores do arco-íris, que vão do vermelho ao violeta? Ele pegou um prisma, criou um arco-íris em seu laboratório e colocou um termômetro abaixo do feixe vermelho, onde não havia nenhuma cor. Para sua surpresa, a temperatura nessa região vazia começou a subir. Ou seja, havia uma "cor" ali, abaixo do vermelho, que era invisível à vista humana mas que continha energia. Era a luz infravermelha.

Hoje sabemos que há todo um espectro de radiação eletromagnética, a maior parte invisível, e cada parte com seu comprimento de onda característico. O comprimento de onda do rádio e da TV, por exemplo, é maior do que o da luz visível. O comprimento de onda das cores do arco-íris, por sua vez, é maior do que o dos raios ultravioleta e dos raios X.

Isso significa também que a realidade que vemos à nossa volta é apenas uma pequena fração de todo um espectro eletromagnético, uma pequena fatia de um universo muito maior formado por cores eletromagnéticas. Alguns animais conseguem enxergar mais do que nós. Por exemplo, as abelhas veem luz ultravioleta, que é invisível para nós, mas é fundamental para que elas consigam encontrar o sol mesmo em dias nublados. E como as flores desenvolveram evolutivamente suas cores com o objetivo de atrair insetos como as abelhas, para que sejam polinizadas, isso sugere que as flores devem ser muito mais bonitas quando vistas sob luz ultravioleta.

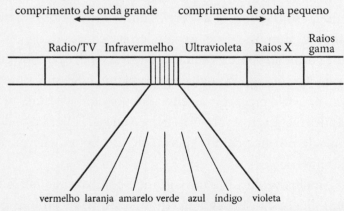

Figura 4. A maioria das "cores" do espectro eletromagnético, que vai das ondas de rádio aos raios gama, é invisível aos nossos olhos. Nossos olhos veem somente uma pequena fatia do espectro graças ao tamanho das células da nossa retina.

A EQUAÇÃO DE DEUS

Quando era criança e li sobre isso, eu me perguntei por que só podíamos ver uma parte tão pequena do espectro. Que desperdício, pensei. Mas a razão, hoje sei, é que o comprimento de onda de uma onda eletromagnética é aproximadamente do tamanho da antena que a produz. Portanto, o seu telefone celular tem apenas alguns centímetros de comprimento porque esse é o tamanho da sua antena, que é da ordem do tamanho do comprimento de onda das ondas eletromagnéticas usadas nesse tipo de comunicação. De forma análoga, uma célula da nossa retina é aproximadamente do tamanho do comprimento de onda das cores que podemos ver. Só podemos ver cores cujos comprimentos de onda sejam do tamanho das nossas células. Todas as outras cores do espectro eletromagnético são invisíveis porque são muito grandes ou muito pequenas para serem detectadas pelas células da nossa retina. Se as células dos nossos olhos fossem do tamanho de uma casa, conseguiríamos ver todas as ondas de rádio e a radiação de micro-ondas rodopiando ao nosso redor.

E, do mesmo modo, se as células em nossos olhos fossem do tamanho de átomos, conseguiríamos ver os raios X.

Outra utilidade para as equações de Maxwell é o modo como a energia eletromagnética abastece o planeta. Se, por um lado, petróleo e carvão precisam ser enviados por barcos e trens através de grandes distâncias, por outro lado, a energia elétrica pode ser transmitida por fios com o apertar de um botão, energizando cidades inteiras.

Isso, inclusive, levou a uma grande controvérsia entre dois gigantes da era da eletricidade: Thomas Edison e Nikola Tesla. Edison foi o gênio por trás de muitas invenções elétricas, como, por exemplo, a lâmpada, o cinema, o fonógrafo, a fita adesiva e

UNIFICAÇÃO — O SONHO ANTIGO

centenas de outras maravilhas. Ele também foi o primeiro a instalar fiação elétrica em uma rua, a Pearl Street, em Manhattan.

Isso criou a segunda grande revolução tecnológica, a era da eletricidade.

Edison achava que a corrente contínua, ou CC (que sempre se move em um mesmo sentido e nunca varia de voltagem), era a melhor maneira de transmitir eletricidade. Tesla, por outro lado, que já havia trabalhado para Edison e o ajudado a pavimentar a rede de telecomunicações dos dias de hoje, defendia o uso da corrente alternada (CA, quando a eletricidade inverte seu sentido cerca de 60 vezes por segundo). Isso levou à famosa Batalha das Correntes, com conglomerados empresariais investindo milhões em tecnologias rivais; a General Electric defendendo Edison e a Westinghouse apostando em Tesla. O futuro da revolução elétrica ficaria a cargo de quem vencesse essa batalha: a corrente contínua de Edison ou a corrente alternada de Tesla.

Apesar de Edison ter sido a mente brilhante por trás da popularização da eletricidade e um dos arquitetos do mundo moderno, ele não compreendia totalmente as equações de Maxwell. Isso lhe custaria caro. Na verdade, ele torcia o nariz para cientistas que tinham conhecimentos avançados de matemática. (Há uma história famosa em que ele frequentemente pedia para cientistas, em busca de uma vaga de emprego, calcularem o volume do bulbo de uma lâmpada. Ele sorria enquanto esses cientistas tentavam usar matemática avançada para, tediosamente, mapear o formato do bulbo da lâmpada para, só então, calcular o seu volume. Em seguida, Edison despejava água dentro do bulbo oco de uma lâmpada e depois despejava essa água em um recipiente graduado para ler o volume.)

Os engenheiros sabiam que fios que se estendiam por distâncias muito grandes perdiam uma quantidade muito grande de energia se a voltagem fosse baixa, como defendia Edison. Assim, as linhas de transmissão de alta voltagem sugeridas por Tesla eram economicamente mais viáveis, mas fios de alta voltagem eram muito perigosos para serem instalados nos cômodos de uma casa. O truque era usar cabos de alta voltagem desde a unidade geradora até as cidades, e então, de algum modo, transformar a alta voltagem em baixa voltagem na entrada das casas. A chave de tudo eram os transformadores.

Vale lembrar que Maxwell já havia mostrado que campos magnéticos em movimento criavam campos elétricos, e vice-versa. Isso nos permite criar um transformador que possa rapidamente mudar a voltagem em um fio. Por exemplo, a voltagem nos cabos de uma linha de transmissão pode ser de milhares de volts. Mas o transformador localizado no lado de fora da sua casa pode reduzi-la para 110 volts, que faz funcionar o seu micro-ondas e a sua geladeira tranquilamente.

Se esses campos são estáticos e não mudam, então não podem ser convertidos entre si. Mas como a corrente alternada está sempre mudando, ela pode ser convertida num campo magnético, que, em seguida, é reconvertido em eletricidade, mas com voltagem menor. Isso quer dizer que a voltagem da corrente alternada pode ser alterada nos transformadores, mas a da corrente contínua não (porque a corrente é constante, e não alternada).

No fim das contas, Edison perdeu a batalha e uma quantia significativa de dinheiro que havia investido na tecnologia da corrente contínua. Esse é o preço a ser pago quando você ignora as equações de Maxwell.

O FIM DA CIÊNCIA?

Além de explicar os mistérios da natureza e trazer uma nova era de prosperidade econômica, a combinação das leis de Newton com as equações de Maxwell nos deu uma teoria de tudo bastante convincente. Ou, ao menos, de tudo o que era conhecido na época.

Cientistas proeminentes anunciavam, em 1900, "o fim da ciência". A virada do século foi um momento único para se estar vivo. Tudo o que podia ser descoberto já havia sido descoberto, ou pelo menos era isso o que se pensava.

Os físicos daquela época não haviam percebido que os dois grandes pilares da ciência, as leis de Newton e as equações de Maxwell, eram na verdade incompatíveis. Elas se contradiziam.

Um desses dois pilares precisava ser derrubado. E um jovem de 16 anos tinha a chave para isso. Esse menino tinha nascido em 1879, o mesmo ano em que Maxwell morreu.

2

A BUSCA DE EINSTEIN PELA UNIFICAÇÃO

Ainda adolescente, Albert Einstein se perguntou algo que mudaria o curso do século XX. Ele perguntou a si mesmo: *É possível ultrapassar um raio de luz?*

Anos mais tarde, ele escreveria que essa simples pergunta era a chave para sua teoria da relatividade.

Mais novo, ele tinha lido um livro para jovens, o *Livros populares sobre ciência natural*, de Aaron David Bernstein, que pedia que o leitor se imaginasse correndo lado a lado com um fio de telégrafo. Em vez disso, Einstein se imaginou correndo junto com um raio de luz, que lhe deveria parecer parado. Emparelhado lado a lado com o raio luminoso, as ondas de luz deveriam ser estacionárias, ele pensou, como previam as leis de Newton.

Mas, mesmo com apenas 16 anos, Einstein sabia que ninguém nunca tinha visto um raio de luz estacionário. Algo parecia errado. Ele ficou com essa pergunta na cabeça por dez anos.

Infelizmente, muitos o consideravam um fracasso. Ainda que fosse um aluno brilhante, seus professores não gostavam de sua rebeldia e sua vida boêmia. Como ele já sabia grande parte do que estava por ser ensinado, matava muitas aulas, e seus professores escreviam cartas de recomendação pouco amistosas; e toda vez que tentava uma vaga de emprego, era desconsiderado. Desempregado e desesperado, Einstein conseguiu uma vaga como professor particular (e foi logo despedido por discutir com o empregador). Chegou a cogitar se tornar corretor de seguros, para sustentar a namorada e a filha. (Imagine abrir a porta e dar de cara com Einstein tentando lhe vender uma apólice?) Sem conseguir emprego, ele se considerava um estorvo para a família. Em uma carta, escreveu, desanimado: "Eu não passo de um peso morto para meus parentes... Seria melhor se eu não vivesse mais."

Por fim, conseguiu um emprego como atendente de terceira classe no escritório de patentes em Berna, na Suíça. Era humilhante, mas era na verdade uma bênção disfarçada. No silêncio do escritório de patentes, Einstein pôde retornar à velha questão que o assombrava desde a adolescência. De lá, ele começaria uma revolução que colocaria a física, e o mundo, de pernas para o ar.

Ainda estudante da famosa Escola Politécnica na Suíça, ele tinha se deparado com as equações de Maxwell para a luz. E ele se perguntou o que aconteceria com as equações de Maxwell se você se locomovesse com a velocidade da luz. Surpreendentemente, ninguém jamais havia feito tal pergunta. Usando a teoria de Maxwell, Einstein calculou a velocidade da luz para um objeto em movimento, um trem, por exemplo. Ele esperava que a velocidade do raio de luz, visto por um observador parado, seria a soma da velocidade usual da luz com a velocidade do trem.

A BUSCA DE EINSTEIN PELA UNIFICAÇÃO

Segundo a mecânica newtoniana, as velocidades simplesmente se somam. Por exemplo, se você arremessa uma bola dentro de um trem, um observador parado diria que a velocidade da bola é a velocidade do trem mais a velocidade da bola medida em relação ao trem. Do mesmo modo, as velocidades podem se subtrair. Assim, se você corresse emparelhado com um raio de luz, este deveria parecer parado para você.

Para sua surpresa, Einstein descobriu que o raio de luz não apenas não ficava parado, mas se afastava com a mesma velocidade. Mas isso era impossível, ele pensou. Segundo Newton, você sempre consegue alcançar algo se se mover rápido o suficiente. Isso é o senso comum. Mas as equações de Maxwell diziam que você nunca poderia alcançar um raio de luz, que ele sempre se afastaria de você com a mesma velocidade, independentemente da velocidade em que você estivesse.

Para Einstein, esse *insight* foi gigantesco. Ou Newton ou Maxwell estava certo. E se um estava certo, o outro estava errado. Mas, como assim, você nunca alcançaria um raio de luz? No escritório de patentes, ele teve bastante tempo para pensar sobre essa pergunta. Certo dia, na primavera de 1905, ele vislumbrou a resposta enquanto estava no trem rumo a Berna. "Uma tempestade se formou em meu cérebro", ele comentaria depois.

Seu *insight* brilhante foi de que uma vez que a velocidade da luz é medida por relógios e réguas, e uma vez que essa velocidade é constante não importando a velocidade de quem faz a medição, o espaço e o tempo devem ser maleáveis para que a velocidade da luz seja mantida constante! Isso significa que, se você está em uma espaçonave se movendo muito rapidamente, o tempo ali passa mais devagar que o tempo na Terra. *O tempo passa mais*

43

lentamente quanto mais rapidamente você se move — este fenômeno é descrito pela relatividade especial de Einstein. Assim, a pergunta "que horas são?" depende da velocidade de quem está perguntando. Se a espaçonave estiver se movendo próxima da velocidade da luz, e nós a observarmos da Terra, com telescópios, todos dentro do foguete vão parecer se mover em câmera lenta. Além disso, tudo na nave vai parecer achatado. E, por fim, tudo na espaçonave vai estar mais pesado também. Mas, surpreendentemente, para as pessoas dentro da nave, tudo parece normal.

Einstein depois diria: "Eu devo muito mais a Maxwell do que a qualquer outra pessoa." Nos dias de hoje, esse experimento pode ser feito rotineiramente. Se você colocar um relógio atômico em um avião e comparar sua marcação com a de um relógio que ficou em solo, você pode ver que o relógio que foi no avião se atrasou (por um fator minúsculo, de uma parte em um trilhão).

Mas se o espaço e o tempo são maleáveis, então tudo o que podemos medir varia também, incluindo matéria e energia. E quanto mais rápido você se move, mais pesado você fica. Mas de onde vem essa massa extra? Ela vem da energia de movimento. Isso quer dizer que de algum modo a energia de movimento se transformou em massa.

A relação precisa entre massa e energia é $E = mc^2$. Essa equação, como veremos, respondeu a uma das questões mais profundas da ciência: por que o sol brilha? O sol brilha porque, quando você comprime átomos de hidrogênio a grandes temperaturas, parte da massa do hidrogênio se transforma em energia.

A chave para entender o universo é a unificação. Para a relatividade, foi a unificação do espaço com o tempo, da matéria com a energia. Mas como essa unificação foi alcançada?

SIMETRIA E BELEZA

Para poetas e artistas, a beleza é uma qualidade estética etérea que suscita emoções e paixões. Para um físico, beleza é simetria. Equações são belas porque são simétricas — isto é, se você rearrumar os componentes, a equação permanece a mesma. Ela é invariante sob essa transformação. Pense num caleidoscópio. Ele tem um monte de pedacinhos coloridos distribuídos aleatoriamente e, com espelhos, faz cópias dessas formas e as arruma simetricamente num formato circular. Isto é, algo que é caótico repentinamente se torna ordenado e belo por causa da simetria.

Do mesmo modo, um floco de neve é belo porque, se você o girar 60 graus, ele permanecerá o mesmo. Uma esfera tem ainda mais simetria. Você pode girá-la de qualquer maneira ao redor do seu centro, e ela não mudará. Para um físico, uma equação é bela se nós pudermos rearrumar seus vários componentes e mostrar que o resultado não muda — em outras palavras, se encontrarmos simetria entre suas partes. O matemático G. H. Hardy escreveu certa vez que "os padrões de um matemático, como os de um pintor ou os de um poeta, precisam ser *belos*; as ideias, como as cores ou as palavras, precisam se encaixar de forma harmoniosa. A beleza é o primeiro teste; não há lugar permanente no mundo para matemática feia". E essa beleza é a simetria.

Já vimos aqui que, se pegarmos a força gravitacional de Newton que a Terra sente ao se mover ao redor do sol, o raio da órbita é constante. As coordenadas x e y mudam, mas R não. Isso também pode ser generalizado para três dimensões.

Imagine-se sentado sobre a superfície da Terra, onde sua localização é dada por três dimensões: x, y e z são as suas coordenadas (ver figura 5). À medida que você se movimenta sobre a superfície da Terra, o raio R permanece inalterado, onde $R^2 = x^2 + y^2 + z^2$. Essa é a versão tridimensional do teorema de Pitágoras.*

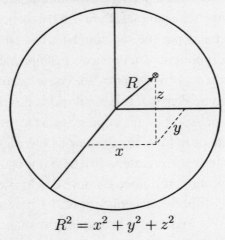

Figura 5. Ao andarmos pela superfície da Terra, o raio R da Terra é constante, um invariante, ainda que nossas coordenadas x, y e z mudem constantemente entre si. O teorema de Pitágoras tridimensional é, portanto, a expressão matemática dessa simetria.

Agora, se pegarmos as equações de Einstein e trocarmos o tempo pelo espaço e o espaço pelo tempo, as equações permanecerão as mesmas.

---

* Para entender isso, vamos tomar $z = 0$. Nesse caso, a esfera vira um círculo no plano xy, como antes. Vimos que, à medida que nos movemos pela circunferência, temos $x^2 + y^2 = R^2$. Agora vamos lentamente aumentar o z. O círculo vai ficando menor à medida que subimos na direção z. (O círculo corresponde às linhas de mesma latitude em um globo terrestre.) R não se altera, mas a equação do círculo menor passa a ser $x^2 + y^2 + z^2 = R^2$, para um valor fixo de z. Agora, se deixarmos z variar, vemos que qualquer ponto da superfície da esfera tem coordenadas dadas por x, y, e z, de modo que o teorema de Pitágoras tridimensional permaneça válido. Resumindo, os pontos sobre uma esfera podem todos ser descritos pelo teorema de Pitágoras tridimensional, com R permanecendo constante e x, y e z variando à medida que nos movemos pela superfície da esfera. A grande sacada de Einstein foi generalizar isso para quatro dimensões, com o tempo sendo a quarta.

A BUSCA DE EINSTEIN PELA UNIFICAÇÃO

Isso significa que as três dimensões espaciais estão ligadas à dimensão temporal, t, que pode ser vista como a quarta dimensão. Einstein mostrou que a expressão $x^2 + y^2 + z^2 - t^2$ (com o tempo sendo expresso numa unidade específica) permanece a mesma, e isso é uma versão modificada do teorema de Pitágoras em quatro dimensões. (Percebam que a coordenada temporal vem acompanhada de um sinal negativo. Isso nos diz que, ainda que a relatividade seja invariante para rotações em quatro dimensões, a dimensão temporal precisa ser tratada de forma um pouco diferente das demais.) As equações de Einstein são, portanto, simétricas em quatro dimensões.

As equações de Maxwell foram escritas em 1861, no ano em que começou a Guerra Civil nos Estados Unidos. Já comentamos que elas possuem uma simetria entre o campo elétrico e o campo magnético. Mas as equações de Maxwell possuem outra simetria escondida. Se mudarmos as equações de Maxwell em quatro dimensões, trocando entre si x, y, z e t, como Einstein fez na década de 1910, elas não se alteram. Isso nos mostra que, se os físicos não estivessem cegos pelo sucesso da física newtoniana, a relatividade poderia ter sido descoberta durante a Guerra Civil!

A GRAVIDADE COMO ESPAÇO CURVO

Ainda que Einstein tenha mostrado que o espaço, o tempo, a matéria e a energia eram parte de uma simetria quadridimensional maior, havia uma lacuna em suas equações: elas não mencionavam a gravidade e as acelerações. Ele não estava contente com isso. Queria generalizar a sua teoria inicial, que chamava de relatividade especial, para incluir a gravidade e os movimentos acelerados, criando uma teoria da relatividade geral mais poderosa e abrangente. Seu colega, o físico Max Planck, comentou sobre a dificuldade que seria unir a gravitação com a relatividade. Ele disse: "Como um amigo mais velho, eu o desaconselho a tentar isso. Primeiro porque você não vai conseguir; e, mesmo que consiga, ninguém vai acreditar em você." E acrescentou: "Se conseguir, será chamado de o novo Copérnico."

Estava claro para qualquer físico que a teoria gravitacional de Newton e a relatividade de Einstein não concordavam. Se o sol de repente desaparecesse, Einstein defendia que levaria oito minutos para que a Terra sentisse a sua falta. A famosa equação de Newton para a gravidade não leva em conta a velocidade da luz. Portanto, a gravidade se espalharia instantaneamente, violando a relatividade, de modo que a Terra deveria sentir logo a ausência do sol.

Einstein havia ponderado sobre o problema da luz por dez anos, dos 16 aos 26 anos de idade. Ele passaria os próximos dez, até fazer 36, concentrado na teoria da gravitação. A chave para resolver o quebra-cabeça veio a ele certo dia, quando estava recostado na sua cadeira e quase caiu para trás. Naquele exato instante, ele percebeu que, se tivesse de fato caído, não sentiria o próprio peso durante a queda. E então se deu conta de que aquilo poderia ser a chave para a teoria da gravitação.

Galileu já sabia que, se caísse de um prédio, você ficaria sem peso durante a queda, mas só Einstein percebeu como usar esse fato para revelar segredos sobre a gravidade. Imagine-se por um instante num elevador que, de repente, tem o cabo cortado. Você cairia, mas o chão do elevador cai também, de modo que dentro do elevador você se vê flutuando, como se não houvesse gravidade (pelo menos até o elevador chegar ao térreo). Dentro do

A BUSCA DE EINSTEIN PELA UNIFICAÇÃO

elevador, a gravidade foi cancelada de forma exata pela aceleração da queda. Este é o princípio da equivalência: a aceleração em um sistema de referência é indistinguível da gravidade em outro.

Quando vemos na TV os astronautas flutuando no espaço, não é porque ali não existe gravidade. Há muita gravidade em todo o sistema solar. O que acontece é que a nave onde eles estão também está caindo na mesma proporção que eles. Da mesma forma que a bala de canhão imaginária de Newton lançada do alto de uma montanha, o astronauta e a nave estão em queda livre ao redor da Terra. Assim, dentro da nave acontece essa ilusão de ótica de que eles não têm peso, visto que tudo, inclusive o seu corpo e a sua nave, estão caindo na mesma proporção.

Einstein aplicou essa ideia num carrossel. De acordo com a relatividade, quanto mais rápido você se move, mais achatado fica porque o espaço se comprime. À medida que o carrossel gira, a parte externa se move mais rápido do que a parte interna. Isso significa que, por causa dos efeitos da relatividade, a parte externa vai se contrair mais do que a parte interna, já que está se movendo com maior velocidade. Porém, à medida que o carrossel se aproxima da velocidade da luz, o chão vai se deformando. Ele não é mais um disco achatado. A borda encolheu enquanto o centro permaneceu o mesmo, de modo que a superfície se curva, parecendo uma tigela de cabeça pra baixo. Agora imagine-se tentando andar no chão curvo desse carrossel — você não consegue mais andar em linha reta. A princípio pode achar que existe uma força invisível que tenta te lançar para fora porque a superfície é curva ou retorcida. Assim, alguém no carrossel diz que existe uma força centrífuga empurrando tudo para fora. Mas, para alguém de fora do carrossel não existe força alguma, existe apenas a curvatura do piso.

A EQUAÇÃO DE DEUS

Einstein juntou tudo isso. A força que faz você cair no carrossel é causada pela deformação do próprio carrossel. A força centrífuga que você sente é equivalente à força da gravidade — ou seja, é uma força fictícia criada pelo fato de você estar em um referencial acelerado. *Em outras palavras, aceleração em um referencial é equivalente à gravidade em outro, que é causada pela curvatura do espaço.*

Agora substitua o carrossel pelo sistema solar. A Terra se move ao redor do sol, de modo que nós, terráqueos, temos a impressão de que o sol exerce uma força de atração sobre a Terra, a gravidade. Mas para alguém de fora do sistema solar não haveria força alguma; eles perceberiam que o espaço ao redor da Terra está curvado, e essa curvatura espacial faz com que a Terra fique girando ao redor do sol.

Einstein teve a brilhante percepção de que a atração gravitacional era na verdade uma ilusão. Os objetos se movem não porque são puxados pela gravidade ou pela força centrífuga, mas sim porque são empurrados pela curvatura do espaço ao seu redor. *Isso é importante de repetir: a gravidade não puxa; o espaço empurra.*

Shakespeare disse que o mundo é um palco, e que somos atores entrando e saindo de cena. Essa era a imagem usada por Newton. O mundo seria estático e nos moveríamos sobre sua superfície plana, obedecendo às leis de Newton. Einstein abandonou essa ideia. O palco, ele disse, é curvado e retorcido. Se andar sobre ele, você não conseguirá traçar uma linha reta. Você está sempre sendo empurrado porque o chão sob seus pés é curvo e você cambaleia feito um bêbado. A atração gravitacional é uma ilusão. Por exemplo, você pode estar na posição sentada em uma cadeira agora mesmo,

A BUSCA DE EINSTEIN PELA UNIFICAÇÃO

lendo este livro. Normalmente, você diria que a gravidade está te puxando para baixo e te mantendo sobre a cadeira e por isso você não sai voando por aí. Mas Einstein diria que você se mantém na cadeira porque a massa da Terra deforma o espaço sobre a sua cabeça e esta deformação empurra você para a cadeira.

Imagine uma bola de ferro sobre um colchão macio. Ela afunda, deformando a superfície do colchão. Se você rolar uma bola de gude sobre o colchão, ela irá se mover em uma linha curva. Na verdade, ela irá orbitar a bola de ferro. A distância, um observador pode deduzir que há uma força invisível puxando a bola de gude, obrigando-a a orbitar a bola de ferro. Mas de perto você vê que não há nenhuma força invisível. A bola de gude não se move em linha reta porque o colchão está deformado, fazendo com que o caminho mais direto seja uma elipse.

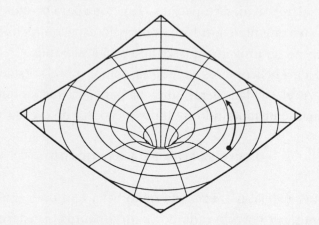

Figura 6. Uma bola de ferro colocada num colchão afunda a superfície. Uma bola de gude circunda a depressão criada. A distância, parece que uma força emanando da bola de ferro obriga a bola de gude a orbitá-la. Na verdade, a bola de gude está orbitando a bola de ferro porque o colchão está curvado. Do mesmo modo, a gravidade do sol curva a luz das estrelas distantes, e isso pode ser medido por telescópios durante um eclipse solar

A EQUAÇÃO DE DEUS

Agora substitua a bola de gude pela Terra, a bola de ferro pelo sol e o colchão pelo espaço-tempo. Vemos que a Terra gira ao redor do sol porque o sol deformou o espaço ao seu redor, e esse espaço pelo qual a Terra viaja não é plano.

Pense também em formigas se movendo em um papel amassado. Elas não conseguem se mover em linha reta. Talvez elas sintam que há uma força puxando-as continuamente. Mas nós, olhando tudo de cima, vemos que não há força alguma. Foi isso o que Einstein chamou de relatividade geral: o espaço-tempo é deformado por grandes massas, causando a ilusão da força gravitacional.

Isso quer dizer que a relatividade geral é muito mais abrangente e simétrica do que a relatividade especial, uma vez que ela descreve a gravidade que atua sobre todas as coisas no espaço-tempo. A relatividade especial só funciona para objetos se movendo suavemente e em linha reta pelo espaço e pelo tempo. Mas em nosso universo quase tudo está acelerando. De carros de corrida a helicópteros e foguetes, vemos que eles estão acelerando. A relatividade geral funciona para acelerações que estão continuamente mudando em todos os pontos do espaço-tempo.

O ECLIPSE SOLAR E A GRAVIDADE

Qualquer teoria, não importa quão bela, tem que, em algum momento, ser corroborada por experimentos. Einstein sugeriu alguns. O primeiro foi sobre a órbita errática de Mercúrio. Quando os astrônomos calculavam essa órbita, uma pequena anomalia sempre era encontrada. Em vez de se mover sobre uma elipse perfeita, como previsto pelas equações de Newton,

Mercúrio cambaleava um pouco, desenhando um padrão mais complexo, como pétalas, no espaço.

Para proteger as leis de Newton, os astrônomos sugeriram a existência de um novo planeta, que eles batizaram de Vulcano, mais próximo do sol que o próprio Mercúrio. A gravidade de Vulcano puxaria Mercúrio, causando a anomalia orbital. Já vimos que esse argumento permitiu que os astrônomos descobrissem o planeta Netuno. Mas ninguém conseguiu encontrar, de fato, evidências ou observações de Vulcano.

Quando Einstein recalculou o periélio de Mercúrio, o ponto em sua órbita onde ele está mais próximo do sol, usando sua teoria gravitacional, encontrou uma pequena diferença em relação às leis de Newton. Ele ficou muito feliz ao perceber que seus cálculos contabilizavam exatamente a órbita observada. Ele encontrou uma diferença em relação a uma elipse perfeita de 42,9 segundos de arco por século, bem dentro do erro experimental observado. Ele se lembraria com carinho: "Por alguns dias, eu estava fora de mim com felicidade. Meus sonhos mais ousados haviam se concretizado."

Ele também percebeu que, de acordo com suas teorias, a luz deveria ser desviada pelo sol.

Einstein percebeu que a gravidade do sol seria forte o suficiente para curvar a luz de estrelas próximas. Como essas estrelas só poderiam ser observadas durante um eclipse solar, Einstein sugeriu que uma expedição fosse feita para observar o eclipse solar de 1919, para testar sua teoria. (Os astrônomos teriam que fotografar a mesma região do céu duas vezes; uma à noite, sem o sol, e outra durante o eclipse solar. As duas fotos seriam comparadas, e a posição aparente de algumas estrelas deveria mudar

A EQUAÇÃO DE DEUS

por conta da gravidade do sol.) Ele tinha certeza de que sua teoria seria comprovada. Quando perguntado o que aconteceria se o experimento mostrasse que a teoria estava errada, ele disse que isso teria sido um erro de Deus. Ele estava convencido de que estava certo porque, como escreveu a alguns colegas, sua teoria continha beleza matemática e simetria soberbas.

Quando esse experimento épico foi conduzido pelo astrônomo Arthur Eddington, houve uma concordância muito grande entre as previsões de Einstein e as observações. (Nos dias atuais, a curvatura da luz pela gravidade é usada rotineiramente pelos astrônomos. Quando a luz de uma estrela passa perto de uma galáxia distante, ela se curva, como se estivesse atravessando uma lente. Esse fenômeno é conhecido como lente gravitacional ou lente de Einstein.)

Einstein acabou ganhando o prêmio Nobel de 1921.

Logo ele se tornaria uma das pessoas mais famosas do planeta, mais até do que a maioria das estrelas de cinema e dos políticos. (Em 1933, ele acompanhou Charlie Chaplin a uma pré-estreia. Quando foram cercados por fãs pedindo autógrafos, Einstein perguntou: "O que significa isso tudo?" Chaplin respondeu: "Nada, absolutamente nada." E então completou: "Eles me adoram porque me entendem; eles te adoram porque ninguém te entende.")

É claro que uma teoria que derrubaria 250 anos de física newtoniana seria duramente criticada. Um dos críticos mais ferozes foi o professor da Universidade de Columbia, Charles Lane Poor. Depois de ter lido sobre a relatividade, ele disparou: "Eu me sinto como se estivesse acompanhando Alice no País das Maravilhas e acabei de tomar um chá com o Chapeleiro Louco."

Mas Planck mantinha sua confiança em Einstein. Ele escreveu: "Uma nova verdade científica não triunfa convencendo seus

A BUSCA DE EINSTEIN PELA UNIFICAÇÃO

oponentes e fazendo-os enxergar a verdade, mas sim porque seus oponentes acabam morrendo e uma nova geração surge já familiarizada com ela."

Por várias décadas surgiram muitos desafios para a relatividade, mas todas as vezes a teoria de Einstein se mostrou válida. E, como veremos em capítulos posteriores, a relatividade de Einstein remodelou completamente o ramo da física, revolucionando nosso conceito sobre o universo, suas origens e sua evolução, mudando o modo como vivemos.

Um jeito fácil de comprovar a teoria de Einstein é através do GPS de nossos telefones celulares. O sistema GPS consiste em 31 satélites que orbitam a Terra. A qualquer instante, seu celular consegue receber sinais de três deles. Cada um desses três satélites se move em uma trajetória um pouco diferente, em ângulos diferentes também. O computador no seu celular então analisa os dados desses três satélites e, por triangulação, calcula a sua posição.

O GPS é tão preciso que ele leva em conta as pequenas correções das relatividades especial e geral.

Como os satélites estão se movendo a aproximadamente 27 mil quilômetros por hora, um relógio no satélite marca o tempo um pouco mais devagar do que um relógio na Terra, por causa da relatividade especial, que nos diz que, quanto maior a velocidade, mais lentamente o tempo passa — o fenômeno que foi demonstrado com o experimento mental de Einstein tentando ultrapassar um raio de luz. Mas como a gravidade é mais fraca quanto mais afastado você está do planeta, o tempo passa um pouco mais rápido por conta da relatividade geral, que afirma que o espaço-tempo se curva por causa da força da gravidade — quanto mais fraca é essa força gravitacional, mais rapidamente o tempo passa. Isso quer dizer que a relatividade especial e a relatividade geral têm efeitos opostos no caso dos satélites do GPS, com a relatividade especial fazendo com que o sinal fique mais lento e a relatividade geral fazendo com que fique mais rápido. Seu telefone celular então desconta ambos os efeitos e diz a você exatamente onde está. Portanto, sem as relatividades especial e geral trabalhando em conjunto, você estaria perdido.

NEWTON E EINSTEIN: OS OPOSTOS

Einstein foi anunciado como o próximo Newton, mas Einstein e Newton tinham personalidades opostas. Newton era um solitário, reservado ao ponto de ser antissocial. Ele não tinha amigos íntimos e era incapaz de uma conversa casual.

O físico Jeremy Bernstein disse certa vez: "Qualquer um que tivesse tido algum contato mais próximo com Einstein captava um senso de nobreza vindo dele. Um termo que bem o descreve e aparece diversas vezes em vários autores é 'humanitário' — referência ao jeito simples e amável que compunha seu caráter."

Mas tanto Newton quanto Einstein compartilhavam certas características fundamentais. A primeira era a habilidade de se concentrar e utilizar grande energia mental. Newton por vezes se esquecia de comer ou dormir por dias, quando estava focado em algum problema. Ele interrompia uma conversa para fazer anotações e rascunhos no que quer que estivesse disponível, às vezes em um guardanapo, ou até numa parede. Do mesmo modo, Einstein podia focar em um problema por anos, décadas até. Ele quase sofreu um colapso enquanto trabalhava na relatividade geral.

Outra característica que os unia era a habilidade de visualizar um problema através de imagens. Ainda que Newton pudesse ter escrito o *Principia* somente em termos algébricos, ele recheou sua obra-prima com diagramas geométricos. Usar o cálculo apenas com símbolos abstratos é relativamente fácil; mas derivá-lo a partir de triângulos e quadrados é coisa de mestre. Do mesmo modo, a teoria de Einstein está recheada de diagramas de trens, réguas e relógios.

A BUSCA POR UMA TEORIA UNIFICADA

No fim das contas, Einstein criou duas grandes teorias. A primeira foi a relatividade especial, que governa as propriedades dos raios de luz e do espaço-tempo. Ela introduziu uma simetria baseada em rotações quadridimensionais. A segunda foi a relatividade geral, onde a gravidade é revelada como um efeito da curvatura do espaço-tempo.

Mas, depois dessas duas conquistas monumentais, ele tentou alcançar uma terceira, ainda maior!

Ele queria uma teoria que unificasse todas as forças do universo em apenas uma equação. Ele queria usar a linguagem da teoria de campos para criar uma equação que mesclasse a teoria de Maxwell para a eletricidade e o magnetismo com a sua própria teoria da gravitação. Ele tentou por décadas unificar esses dois campos e falhou. (Michael Faraday foi, na verdade, o primeiro a sugerir a unificação da gravitação com o eletromagnetismo. Faraday costumava ir à Ponte de Londres para jogar ímãs lá de cima, na esperança de conseguir medir algum efeito gravitacional sobre eles. Nunca conseguiu.)

Um motivo pelo qual Einstein falhou foi por, nos anos 1920, haver uma grande lacuna em nosso conhecimento acerca do mundo. Seriam necessários ainda alguns avanços em uma nova teoria, a teoria quântica, para que os físicos percebessem que ainda faltava uma peça do quebra-cabeça: a força nuclear.

Mas Einstein, ainda que tivesse sido um dos fundadores da teoria quântica, ironicamente se tornou um dos seus grandes adversários. Ele não se furtava de tecer uma série de críticas contra ela. Por décadas, essa teoria sobreviveu a todos os testes experimentais aos quais foi submetida e nos deu as maravilhas eletrônicas que preenchem nossa vida, em casa e no trabalho. No entanto, como veremos, as profundas objeções filosóficas de Einstein à teoria quântica ressoam até os dias atuais.

3

A ASCENSÃO DO QUANTUM

Enquanto Einstein estava criando, sozinho, sua vasta nova teoria sobre o espaço e o tempo, a matéria e a energia, um desenvolvimento paralelo na física estava respondendo à antiga pergunta: do que é feita a matéria? Isso nos levaria à próxima grande teoria física, a teoria quântica.

Depois que Newton terminou sua teoria da gravidade, ele realizou vários experimentos em alquimia, tentando entender a natureza da matéria.

Os surtos de depressão de Newton, alguns dizem, aconteceram por intoxicação com mercúrio, um elemento que hoje sabemos ser capaz de provocar problemas neurológicos.

No entanto, pouco se sabia sobre as propriedades fundamentais da matéria, e pouco se aprendeu a partir do trabalho desses primeiros alquimistas, que passavam muito tempo tentando transformar chumbo em ouro.

A EQUAÇÃO DE DEUS

Demorou vários séculos para que os segredos da matéria nos fossem revelados.

No século XIX, os químicos começaram a descobrir e isolar elementos básicos da natureza — elementos que não podiam ser decompostos em partes mais simples. Enquanto os avanços impressionantes da física eram conduzidos pela matemática, as descobertas da química vinham basicamente do trabalho exaustivo feito em laboratório.

Em 1869, Dmitri Mendeleyev teve um sonho, no qual todos os elementos da natureza se encaixariam em uma tabela. Ao acordar, ele rapidamente começou a organizar os elementos conhecidos em uma tabela de fato, mostrando que eles seguiam um certo padrão. Do caos da química surgiu de repente ordem e previsibilidade.

Os sessenta e poucos elementos conhecidos na época podiam ser organizados em uma tabela simples, mas havia lacunas, e Mendeleyev foi capaz de prever as propriedades dos elementos ausentes. Quando esses elementos foram de fato descobertos em laboratório, como previsto, a reputação de Mendeleyev se consolidou.

Mas por que os elementos se organizam em um padrão regular?

O próximo avanço se deu em 1898, quando Marie e Pierre Curie isolaram uma série de novos elementos instáveis, nunca vistos antes. Sem nenhuma fonte de energia, o rádio brilhava com intensidade no laboratório, violando um princípio bastante arraigado na física, o da conservação de energia (que diz que a energia não pode ser criada ou destruída). A energia desses raios do rádio parecia surgir a partir do nada.

Obviamente uma nova teoria se fazia necessária.

Até então, os químicos acreditavam que os ingredientes fundamentais da matéria, os elementos, eram eternos e que elementos como o hidrogênio e o oxigênio seriam estáveis para todo o sempre.

Mas em seus laboratórios os químicos podiam ver que elementos como o rádio estavam se transformando em outros elementos, liberando radiação no processo.

Também era possível calcular a velocidade com que esses elementos instáveis se transformavam, um tempo total medido em milhares, ou até bilhões, de anos.

As descobertas do casal Curie ajudaram a resolver um debate antigo.

Geólogos, estudando a formação das rochas, defendiam que a Terra deveria ter bilhões de anos. Mas Lorde Kelvin, um dos gigantes da física clássica vitoriana, havia calculado que a Terra, resfriando-se a partir de lava incandescente, teria apenas alguns milhões de anos. Quem estava certo?

A história mostrou que eram os geólogos. Lorde Kelvin não entendia que uma outra força da natureza, a força nuclear que o casal Curie estava descobrindo, poderia contribuir na soma do calor da Terra. E como o decaimento radioativo pode levar bilhões de anos, isso quer dizer que o núcleo da Terra poderia ser aquecido pelo decaimento de urânio, tório e outros elementos radioativos. Assim, o poder imenso dos terremotos devastadores, dos vulcões trovejantes e da lenta e incansável deriva continental, tudo tem origem na força nuclear.

Em 1910, Ernest Rutherford colocou um pedaço brilhante de rádio em uma caixa de chumbo com um pequeno orifício. O feixe

A EQUAÇÃO DE DEUS

minúsculo de raio radioativo que emanava da caixa pelo buraco era direcionado a uma folha de ouro bastante fina. Esperava-se que os átomos de ouro absorvessem a radiação. Para sua surpresa, ele percebeu que o feixe emanado pelo rádio passava direto pela folha de ouro como se nada houvesse ali.

Esse resultado foi impressionante: significava que os átomos eram compostos primordialmente por espaço vazio. Às vezes isso é mostrado aos alunos. Colocamos um pouco de urânio, inofensivo, em suas mãos e um contador Geiger abaixo delas, para detectar a radiação. Os alunos ficam surpresos ao ouvir os cliques do contador indicando que o corpo deles *é* basicamente vazio.

No começo do século XX, a imagem que se tinha de um átomo era o modelo do pudim de passas — isso quer dizer que o átomo era como um pudim de cargas positivas recheado com "passas" negativas, os elétrons. Aos poucos, uma nova imagem para o átomo foi se formando. O átomo era basicamente vazio, um enxame de elétrons circundando uma região pequena e densa, o núcleo. O experimento de Rutherford ajudou a comprovar isso porque a radiação, vez ou outra, era defletida pelos núcleos dos átomos de ouro. Ao analisar a quantidade, a frequência e o ângulo dessas deflexões, Rutherford foi capaz de estimar o tamanho do núcleo atômico. Ele era cem mil vezes menor do que o átomo!

Posteriormente, cientistas mostraram que o núcleo atômico era, por sua vez, feito de partículas subatômicas ainda menores: os prótons (com carga positiva) e os nêutrons (sem carga elétrica). Aparentemente, toda a tabela de Mendeleyev podia ser construída usando-se apenas três partículas subatômicas: o elétron, o próton e o nêutron. Mas a qual equação essas partículas obedeciam?

A ASCENSÃO DO QUANTUM

A REVOLUÇÃO QUÂNTICA

Enquanto isso, uma nova teoria estava nascendo, uma que podia explicar todas essas descobertas misteriosas. Essa teoria iria começar uma revolução que desafiaria tudo o que era conhecido sobre o universo. Essa teoria se chama mecânica quântica. Mas o que é o "quanta", afinal de contas? E por que é tão importante?

O quanta nasceu em 1900, quando o físico alemão Max Planck se fez uma pergunta simples: por que objetos brilham quando ficam quentes?

Quando os humanos dominaram o fogo há milhares de anos, perceberam que objetos quentes brilham com certas cores. Ceramistas sabem há séculos que, à medida que objetos atingem milhares de graus de temperatura, eles mudam de cor, do vermelho para o amarelo e para o azul.

(Você pode constatar isso ao simplesmente acender um fósforo. Na parte mais baixa da chama, onde é mais quente, ela é azulada. Ela é amarelada no centro e vermelha na parte de cima, onde é mais fria.)

Mas quando os físicos tentaram calcular esse efeito (chamado de radiação de corpo negro) usando os trabalhos de Newton e de Maxwell sobre os átomos, encontraram um problema.

(Um corpo negro é um objeto que absorve toda a radiação que incide sobre ele. É chamado de negro porque a cor preta absorve toda a luz.)

Segundo Newton, à medida que os átomos vão ficando mais quentes, eles vibram mais rapidamente. E, segundo Maxwell, partículas vibrantes podem emitir radiação eletromagnética na forma de luz. Mas quando se calculava a radiação emitida por átomos

63

A EQUAÇÃO DE DEUS

quentes em vibração o resultado não divergia das observações. Em baixas frequências, o modelo teórico até concordava com os dados razoavelmente. Mas, em altas frequências, a energia da luz deveria ir para infinito, e isso era ridículo! Para um físico, infinito é apenas um sinal de que as equações não estão funcionando, de que eles não estão entendendo o que está acontecendo.

Max Planck formulou, então, uma hipótese inocente. Ele supôs que a energia, em vez de ser contínua e homogênea como dizia a teoria de Newton, existia, na verdade, em pacotes discretos que chamou de quanta. Quando ajustou a energia desses pacotes, viu que conseguia reproduzir exatamente a energia que irradiava dos corpos quentes. Quanto mais quente o objeto, maior a frequência da radiação, correspondendo a cores diferentes do espectro da luz.

É por isso que uma chama muda do vermelho para o azul quando a temperatura aumenta. É assim também que sabemos a temperatura do sol. Quando você escuta que a temperatura do sol é de cerca de 5.000°C, pode se perguntar: como sabemos isso? Ninguém nunca foi ao sol com um termômetro. Mas sabemos a temperatura do sol por causa do comprimento de onda da luz que ele emite.

Planck então calculou o tamanho desses pacotes de energia luminosa, os quanta, e os descreveu em termos de uma pequena constante h, a constante de Planck, que vale $6,6 \times 10^{-34}$ Joule. segundos. (Esse valor foi descoberto por Planck "na marra", ajustando a energia dos pacotes até que ele conseguisse reproduzir perfeitamente os dados de laboratório.)

Se fizermos a constante de Planck lentamente se aproximar do valor zero, então todas as equações da mecânica quântica se transformam nas equações de Newton. (Isso quer dizer que o comportamento bizarro das partículas subatômicas, que frequentemente violam o senso comum, gradualmente se aproxima das mais familiares leis de Newton para o movimento, à medida que a constante de Planck é manualmente zerada.) É por isso que raramente vemos efeitos quânticos no nosso dia a dia. Para os nossos sentidos, o mundo é muito newtoniano porque a constante de Planck é muito pequena e só é perceptível em um nível subatômico.

Esses pequenos efeitos quânticos são conhecidos como *correções quânticas*, e os físicos gastaram vidas inteiras tentando calculá-los. Em 1905, o mesmo ano em que descobriu a relatividade especial, Einstein usou a teoria quântica para mostrar que a luz não era somente uma onda, mas também se comportava como um fluxo de pacotes de energia, ou uma partícula, que depois foi batizada como fóton. Então a luz aparentemente tem duas faces: uma onda, como prevista por Maxwell, e uma partícula (o fóton), como prevista por Planck e Einstein. Uma nova explicação para a luz estava emergindo. A luz era feita de fótons, que são quanta, ou partículas, mas cada fóton criava campos ao seu redor (os campos elétrico e magnético). Esses campos, por sua vez, tinham formas de ondas e obedeciam às equações de Maxwell. Então agora temos uma bela relação entre as partículas e os campos que as cercam.

Se a luz tinha dois aspectos, era tanto uma partícula como uma onda, então será que o elétron também apresentava essa dualidade bizarra? Esse era o próximo passo lógico, e teria o efeito mais profundo, sacudindo o mundo da física moderna e a própria civilização.

A EQUAÇÃO DE DEUS

ONDAS DE ELÉTRONS

Os físicos descobriram, para a surpresa de todos, que os elétrons, que à época eram tidos como partículas sólidas e puntiformes, também podiam se comportar como ondas.

Para demonstrar isso, pense em duas folhas de papel paralelas, uma atrás da outra. Na primeira folha, você corta duas estreitas fendas e depois dispara um feixe de elétrons em sua direção. Seria natural encontrar duas marcações na segunda folha, onde os feixes de elétrons a atingissem. Porque ou o feixe passou por uma fenda ou passou pela outra. Nunca por ambas. Isso é o senso comum.

Mas, quando o experimento foi feito de fato, o padrão encontrado na segunda folha mostrava uma série de faixas verticais espaçadas, que é um fenômeno que acontece quando ondas interferem entre si.

(Da próxima vez que for tomar um banho de banheira, provoque gentilmente ondas em dois pontos diferentes da superfície da água, simultaneamente, e você verá o padrão de interferência, parecido com uma rede de teias de aranha.)

Mas isso significa que, de algum modo, os elétrons passaram por ambas as fendas ao mesmo tempo. Esse era o paradoxo: como poderia uma partícula puntiforme, como o elétron, interferir em si mesma como se tivesse atravessado por duas fendas distintas?

Além disso, outros experimentos mostravam elétrons sumindo de um lugar e surgindo em outro, o que é impossível no mundo newtoniano. Se a constante de Planck fosse consideravelmente maior, afetando as coisas numa escala humana, então o mundo seria um lugar bizarro, totalmente irreconhecível. As coisas poderiam desaparecer e reaparecer em lugares diferentes e poderiam estar em dois lugares ao mesmo tempo.

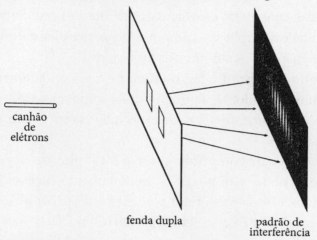

Figura 7. Elétrons passando por uma fenda dupla se comportam como se fossem uma onda — isso quer dizer que eles causam interferência uns nos outros do outro lado, como se tivessem passado por ambas as fendas ao mesmo tempo, o que é impossível pela física newtoniana, mas é a base da mecânica quântica.

Por mais improvável que a teoria quântica pudesse parecer, ela começou a colecionar sucessos espetaculares. Em 1925, o físico austríaco Erwin Schrödinger escreveu sua famosa equação que descrevia com precisão o movimento dessas ondas de partículas. Quando aplicada ao átomo de hidrogênio, que possui um único elétron ao redor de um próton, ela descreve com acurácia impressionante o que é medido em laboratório. Os níveis eletrônicos do átomo de Schrödinger concordam perfeitamente com os resultados experimentais. Na verdade, toda a tabela de Mendeleyev pode, a princípio, ser entendida como uma solução da equação de Schrödinger.

EXPLICANDO A TABELA PERIÓDICA

Uma das conquistas espetaculares da mecânica quântica é sua capacidade de explicar o comportamento dos pilares fundamentais da matéria: os átomos e as moléculas.

Segundo Schrödinger, o elétron é uma onda ao redor do núcleo minúsculo. Na figura 8 vemos como apenas ondas com certos comprimentos de onda específicos se encaixam ao redor do núcleo.

Ondas cujos comprimentos são múltiplos de um comprimento de onda mínimo cabem perfeitamente, mas ondas cujos comprimentos não são múltiplos exatos deste comprimento de onda mínimo não conseguem recobrir o núcleo corretamente. Elas são instáveis e não formam átomos estáveis. Isso significa que os elétrons só podem ocupar camadas distintas.

À medida que nos afastamos do núcleo, esse padrão se repete; à medida que o número de elétrons aumenta, o anel externo se afasta mais do centro. Há mais elétrons quanto mais longe você estiver.

Isso explica por que a tabela de Mendeleyev possui níveis discretos e regulares que se repetem, com cada novo nível imitando o comportamento da camada mais interna.

Esse efeito é perceptível quando você está cantando no chuveiro.

Apenas algumas poucas frequências específicas, ou comprimentos de onda, são refletidas pelas paredes e amplificadas, mas outras que não se encaixam são canceladas, do mesmo modo que as ondas de elétrons circulam o átomo: apenas algumas poucas frequências funcionam.

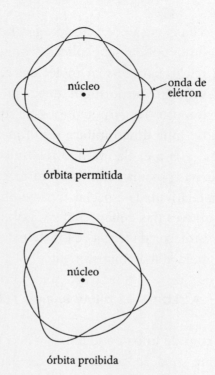

Figura 8. Apenas elétrons com certos comprimentos de onda conseguem caber em um átomo — isto é, a órbita precisa ser um múltiplo inteiro do comprimento de onda do elétron. Isso obriga as ondas de elétrons a formarem camadas discretas ao redor do núcleo. Uma análise detalhada de como os elétrons se distribuem nessas camadas ajuda a explicar a tabela periódica de Mendeleyev.

Essa descoberta mudou profundamente o curso e a evolução da física. Se num ano os físicos estavam perdidos quanto à descrição do átomo, no ano seguinte, com a equação de Schrödinger, eles conseguiam calcular as propriedades intrínsecas desse átomo! Às vezes eu dou aula de mecânica quântica para alunos da pós-graduação e tento impressioná-los com o fato de que tudo ao redor deles pode, de certo modo, ser explicado como

A EQUAÇÃO DE DEUS

uma solução da equação de Schrödinger. Eu esclareço que não apenas os átomos podem ser explicados por ela, mas também as ligações entre eles para formar moléculas e, portanto, todos os compostos químicos que formam tudo o que existe no universo.

Mas não importa o quão potente fosse a equação de Schrödinger, ela ainda tinha uma limitação: só funcionava para baixas velocidades — isto é, ela era não relativística. A equação de Schrödinger não possuía nenhuma informação sobre a velocidade da luz, a relatividade especial, e como os elétrons interagem com a luz através das equações de Maxwell. Ela também não tinha a bela simetria da teoria de Einstein e era bem feia e difícil de ser manipulada matematicamente.

A TEORIA DE DIRAC PARA O ELÉTRON

Na época com 22 anos de idade, o físico Paul Dirac decidiu escrever uma equação de onda que obedecesse à relatividade especial de Einstein, misturando o espaço com o tempo. Um dos aspectos pouco elegantes da equação de Schrödinger era que ela lidava com o espaço e o tempo separadamente e os cálculos derivados eram tediosos e demorados. Mas a teoria de Dirac juntava ambos e possuía uma simetria quadridimensional; era bonita, elegante e compacta. Todas as partes feias da equação de Schrödinger original davam lugar a uma única e simples equação em quatro dimensões.

(Eu me lembro, quando estava no ensino médio, de tentar desesperadamente aprender a equação de Schrödinger. Eu sofria com seus termos mais feios. Como a natureza poderia ter sido tão maldosa, eu pensava, criando uma equação de onda tão

A ASCENSÃO DO QUANTUM

desajeitada? Até que um dia eu me deparei com a equação de Dirac, que era bonita e compacta. Eu me lembro de ter chorado quando a vi.)

A equação de Dirac foi um sucesso retumbante. Vimos já que Faraday havia mostrado que um campo elétrico variável em um fio em espiral produzia um campo magnético. Mas de onde vinha o campo magnético de um ímã com formato de barra, sem nenhuma carga elétrica em movimento? Isso era um mistério total. Mas, de acordo com as equações de Dirac, o elétron tinha algum tipo de "rotação" que criava um campo magnético próprio. Essa propriedade do elétron surgia naturalmente a partir da matemática. (Esta "rotação", ou *spin*, não é de fato uma rotação, como a de um giroscópio, mas sim um termo matemático na equação de Dirac.) O campo magnético teórico criado por essa "rotação", ou *spin*, era compatível com o campo encontrado ao redor dos elétrons. Isso, por sua vez, permitiu explicar a origem do magnetismo. De onde vem o campo magnético de um ímã? Ele vem do *spin* dos elétrons aprisionados no metal. Posteriormente, descobriu-se que todas as partículas subatômicas possuem *spin*. Vamos voltar a esse conceito importante em um capítulo futuro.

Mais importante ainda, a equação de Dirac previu uma nova forma de matéria: a antimatéria. A antimatéria respeita as mesmas leis físicas da matéria, mas se apresenta com carga elétrica oposta. O antielétron, cujo nome próprio é pósitron, tem carga positiva, e não negativa. Em princípio, é possível criar antiátomos, feito com antielétrons ao redor de antiprótons e antinêutrons. Mas quando a matéria e a antimatéria se encontram, elas explodem e viram energia. (A antimatéria se tornará um ingrediente importantíssimo em uma teoria de tudo, uma vez que todas as partículas nessa teoria final precisarão ter uma antipartícula correspondente.)

Antes do elétron de Dirac, os físicos consideravam a simetria como algo esteticamente prazeroso, mas sem ser um aspecto essencial de qualquer teoria. Depois dele, os físicos ficaram atordoados com o poder da simetria, pois ela podia de fato prever fenômenos novos e inesperados (como a antimatéria e o *spin*). Os físicos estavam começando a entender que a simetria é uma característica essencial e inescapável do universo em um nível fundamental.

O QUE ESTÁ ONDULANDO?

Mas ainda havia algumas perguntas incômodas. Se o elétron se comportava como onda, então o que estaria perturbando o meio no qual a onda existia? O que estaria ondulando? E como ele consegue passar por duas fendas diferentes? Como um elétron pode estar em dois lugares ao mesmo tempo?

A resposta é impressionante e incrível, e partiu a comunidade científica ao meio. Segundo um artigo de Max Born, de 1926, *o que estava ondulando era a probabilidade de encontrarmos um elétron naquela posição*. Em outras palavras, você não poderia ter certeza de onde um elétron estava. Só o que você podia saber era a probabilidade de encontrá-lo. Isso foi consolidado pelo famoso princípio da incerteza, de Werner Heisenberg, que diz que você não consegue saber com precisão a velocidade e a posição de um elétron. Em outras palavras, *elétrons são partículas, mas a probabilidade de encontrarmos essa partícula em alguma posição específica é dada por uma função de onda*.

A ASCENSÃO DO QUANTUM

A ideia estourou como uma bomba! Ela significava que você não poderia prever o futuro de forma acurada. Poderia apenas calcular as probabilidades de certas coisas acontecerem. Mas o sucesso da teoria quântica era inegável. Einstein declarou: "Quanto mais sucesso a teoria quântica obtém, mais ridícula ela parece." Até Schrödinger, que havia introduzido o conceito da onda do elétron de forma pioneira, rejeitou a interpretação probabilista de suas próprias equações. Mesmo hoje, ainda há discussões entre físicos debatendo as implicações filosóficas da teoria ondulatória. Como você pode estar em dois lugares ao mesmo tempo? Feynman, vencedor do Nobel, disse certa vez: "Acho que posso afirmar com segurança que ninguém entende a mecânica quântica."

Desde Newton os físicos acreditam em algo chamado determinismo, a ideia de que todos os eventos futuros podem ser previstos com acurácia. As leis da natureza governam o movimento de tudo no universo, tornando-o um lugar ordenado e previsível. Para Newton, o universo como um todo era um relógio, funcionando de uma forma precisa e previsível. Se você soubesse a velocidade e a posição de todas as partículas do universo, você conseguiria prever todos os eventos futuros.

Prever o futuro, é claro, sempre foi uma obsessão dos mortais. Em *Macbeth*, Shakespeare escreveu:

> *Se você consegue olhar as sementes do tempo*
> *E saber quais vão germinar e quais não vão,*
> *Fale, então, para mim.*

Segundo a física newtoniana, é possível prever qual semente vai germinar e qual não vai. E por muitos séculos essa visão prevaleceu entre os físicos. A incerteza, portanto, era uma heresia e sacudiu a física moderna até a raiz!

DUELO DE TITÃS

De um lado do debate estavam Einstein e Schrödinger, que ajudaram a fazer a revolução quântica desde o começo. Do outro lado estavam Niels Bohr e Werner Heisenberg, criadores da nova teoria quântica. O embate culminou na histórica Sexta Conferência Solvay, em 1930, em Bruxelas. E foi um debate histórico, onde gigantes da física se viram frente a frente, em uma batalha pelo significado da própria realidade.

Paul Ehrenfest escreveu: "Eu nunca vou esquecer a cena dos dois oponentes saindo da Universidade. Einstein, uma figura majestosa, caminhando lentamente com um sorriso irônico no rosto, e Bohr, apressado ao seu lado, extremamente irritado." Era possível escutar Bohr sussurrando para si mesmo, pelos corredores da Universidade, falando uma única palavra: "Einstein... Einstein... Einstein."

Einstein liderou o ataque, enumerando os problemas que havia com a teoria quântica, tentando mostrar o quão absurda ela era. Mas Bohr habilidosamente conseguiu derrubar cada argumento de Einstein, um por um. Quando Einstein começou a repetir que Deus não jogava dados com o universo, Bohr disse: "Pare de dizer a Deus o que fazer."

O físico de Princeton John Wheeler disse: "Foi o maior debate intelectual da história que eu conheço. Em trinta anos, eu nunca presenciei um debate entre dois homens tão grandiosos por um período de tempo tão longo e sobre um assunto de consequências tão profundas para o entendimento deste nosso estranho mundo."

Historiadores concordam, em sua maioria, que Bohr e os rebeldes quânticos venceram o debate.

Ainda assim, Einstein obteve sucesso em expor as falhas nas bases da mecânica quântica. Einstein mostrou que ela era um gigante imponente que se apoiava em pés de barro. Essas críticas ainda são ouvidas nos dias atuais, e todas elas giram ao redor de um certo gato.

O GATO DE SCHRÖDINGER

Schrödinger criou um experimento mental simples para expor a essência do problema. Coloque um gato em uma caixa fechada. Coloque um pedaço de urânio na caixa. Quando o urânio decai, emitindo uma partícula subatômica, ela aciona um contador Geiger que faz disparar um revólver que dá um tiro no gato. A pergunta é: o gato está vivo ou morto?

Uma vez que o decaimento do urânio é um evento puramente quântico, você só pode descrever a situação do gato em termos da mecânica quântica. Para Schrödinger, antes que você abra a caixa, o gato existe em uma mistura de dois estados quânticos diferentes — isto é, o gato é a soma de duas ondas. Uma onda descreve um gato morto. A outra descreve um gato vivo. O gato não está nem vivo nem morto, mas está em uma mistura dos dois estados. A única maneira de dizer se o gato está vivo ou morto é abrir a caixa e fazer uma observação; a função de onda colapsa em um estado vivo ou um estado morto. Em outras palavras, *a observação (que pressupõe consciência) determina a existência.*

A EQUAÇÃO DE DEUS

Para Einstein, isso era um absurdo. Lembrava a filosofia de Bishop Berkeley, que perguntava: se uma árvore cai na floresta e não tem ninguém por perto para ouvir, ela faz barulho? Os solipsistas diriam que não. Mas a teoria quântica é pior ainda. Ela diz que, se há uma árvore na floresta e não há ninguém por perto, essa árvore existe como uma soma de diferentes estados: por exemplo, uma árvore queimada, uma muda, lenha, compensado etc. Somente quando você olha para a árvore, a sua função de onda magicamente colapsa e ela se transforma em uma árvore de fato.

Quando Einstein recebia visitantes em casa, perguntava: "A lua existe porque um rato a observa?" Mas, independentemente do quanto a teoria quântica viola o bom senso, ela tem uma coisa a seu favor: é experimentalmente correta. Previsões da teoria quântica já foram testadas até 11 casas decimais, o que faz dela a teoria mais acurada de todos os tempos.

Einstein admitia entretanto que a teoria quântica continha pelo menos uma *parte* da verdade. Em 1929, ele até indicou Schrödinger e Heisenberg para o prêmio Nobel de física.

Mesmo nos dias de hoje não há um consenso universal entre os físicos acerca do problema do gato. (A velha interpretação de Copenhagen de Niels Bohr, de que o gato verdadeiro só emerge porque uma observação provoca o colapso da função de onda, já caiu por terra, em parte por conta da nanotecnologia, que nos permite manipular átomos individualmente e fazer esses experimentos com eles. O que tem ficado mais popular é o multiverso, ou interpretação de muitos mundos, onde o universo se parte em dois, com uma metade contendo um gato morto e a outra metade, um gato vivo.)

Com o sucesso da teoria quântica, os físicos nos anos 1930 se voltaram para outro desafio — responder à antiga pergunta: por que o sol brilha?

ENERGIA DO SOL

Desde tempos imemoriais, as grandes religiões do mundo têm exaltado o sol, colocando-o no centro de suas mitologias. O sol era um dos deuses mais poderosos que comandavam os céus. Para os gregos, era Hélio, que comandava majestosamente sua carruagem flamejante pelo céu todos os dias, iluminando o mundo e trazendo vida. Os astecas, os egípcios, os hindus, todos tinham a sua versão do deus-sol.

Mas, durante o Renascimento, alguns cientistas tentaram examinar o sol pelas lentes da física. Se o sol fosse feito de madeira ou de óleo, ele já deveria ter se exaurido há muito tempo. E, se a vastidão do espaço não contivesse ar, suas chamas teriam há muito se apagado. A energia perene do sol era um mistério.

Em 1842, um grande desafio foi lançado para os cientistas do mundo. O filósofo francês Auguste Comte, fundador do Positivismo, declarou que a ciência era de fato poderosa, revelando vários segredos do universo, mas que havia algo que estaria sempre fora do seu alcance. Até mesmo os maiores cientistas jamais conseguiriam responder à pergunta: do que são feitos o sol e os planetas?

Esse era um desafio justo, já que o fundamento da ciência é a sua capacidade de ser testada. Todas as descobertas da ciência precisam ser reprodutíveis e testáveis em laboratório, mas era obviamente impossível capturar uma amostra do sol e trazê-la

A EQUAÇÃO DE DEUS

para a Terra. Portanto, a pergunta ficaria para sempre além do nosso alcance.

Ironicamente, apenas alguns anos após ele ter afirmado isso em seu livro *A Filosofia Positiva*, os físicos concluíram o desafio. O sol era basicamente feito de hidrogênio.

Comte cometeu um pequeno, porém importante, erro. Sim, a ciência tem sempre que ser testada, mas, como já sabemos, a maior parte da ciência é feita de forma indireta.

Joseph von Fraunhofer foi um cientista do século XIX que respondeu ao desafio de Comte projetando os espectrógrafos mais precisos e acurados de sua época. (Em um espectrógrafo, substâncias são aquecidas até que comecem a brilhar com radiação de corpo negro. A luz emanada passa por um prisma, onde forma um arco-íris. Dentro dessa faixa colorida há linhas escuras. Essas linhas escuras são criadas porque os elétrons dão saltos quânticos entre diferentes órbitas atômicas, liberando e absorvendo quantidades de energia muito específicas. Como cada elemento cria um conjunto de faixas escuras característico, então cada faixa espectral é como uma impressão digital, permitindo que saibamos do que aquela substância é feita. Espectrógrafos já solucionaram muitos crimes também, ao identificarem de onde veio a lama encontrada na pegada do criminoso ou a natureza de uma toxina encontrada em um veneno ou a origem de pelos e fibras microscópicas. Espectrógrafos permitem a recriação de cenas de crime ao determinar a composição química de tudo o que há nelas.)

Ao analisar as faixas escuras da luz vinda do sol, Fraunhofer e outros cientistas puderam afirmar que o sol era feito principalmente de hidrogênio. (Curiosamente, os físicos também encontraram uma nova substância no sol. Eles a chamaram de hélio, que significa "metal do sol" e uma alusão direta ao próprio sol dos gregos. O hélio foi de fato descoberto primeiramente no sol, e não na Terra. Posteriormente, os cientistas perceberam que o hélio era um gás, e não um metal.)

Mas Fraunhofer fez outra descoberta importante. Ao analisar a luz das estrelas, ele descobriu que elas eram feitas das mesmas substâncias encontradas comumente na Terra. Essa foi uma descoberta profunda, já que indicava que as leis da física eram as mesmas não apenas no sistema solar, mas em todo o universo.

Assim que as teorias de Einstein se difundiram, físicos como Hans Bethe juntaram as pontas para determinar o que fazia o sol brilhar. Se o sol é feito de hidrogênio, seu imenso campo gravitacional pode comprimir esse hidrogênio até que seus prótons se fundam, criando hélio e os elementos mais pesados. Uma vez que o hélio pesa um pouco menos do que os prótons e nêutrons usados para formá-lo, isso quer dizer que essa massa que "some" vira energia, de acordo com a fórmula de Einstein $E=mc^2$.

A MECÂNICA QUÂNTICA E A GUERRA

Enquanto os físicos debatiam os paradoxos estranhos da teoria quântica, as nuvens de guerra se adensavam no horizonte. Adolf Hitler subiu ao poder na Alemanha em 1933 e muitos físicos tiveram que emigrar, ou seriam presos, ou coisa pior.

Certo dia, Schrödinger presenciou soldados nazistas importunando transeuntes e lojistas judeus inocentes. Quando ele tentou interferir, os soldados se voltaram contra ele e começaram a agredi-lo. Eles só pararam quando um dos soldados reco-

A EQUAÇÃO DE DEUS

nheceu que aquela pessoa que eles estavam agredindo era um cientista premiado com o Nobel de física. Abalado, Schrödinger logo abandonaria a Áustria. Alarmados com as notícias diárias da violência, os melhores e mais brilhantes cientistas alemães abandonaram o país.

Planck, o pai da teoria quântica, tentou ser diplomático e chegou até a fazer um apelo pessoal a Hitler para que contivesse o êxodo de cientistas alemães, que estava roubando o país de suas mentes mais brilhantes. Mas Hitler simplesmente gritou e berrou com Planck, colocando a culpa nos judeus. Depois, Planck diria que "era impossível conversar com aquele homem". (Infelizmente, o próprio filho de Planck tentou assassinar Hitler, e foi torturado e brutalmente morto por isso.)

Por décadas, Einstein fora inquirido se sua equação poderia liberar quantidades massivas de energia contidas no átomo. Einstein sempre dizia que não, que a energia liberada por um átomo é muito pequena para ser usada na prática.

Hitler, no entanto, queria usar a superioridade científica alemã para criar grandes armas, armas terríveis, que o mundo nunca tinha visto antes, como os foguetes V-1 e V-2 e a bomba atômica. Afinal de contas, se o sol era alimentado pela energia nuclear, então deveria ser possível criar uma superarma com base no mesmo princípio.

O ponto-chave de como explorar a equação de Einstein para isso veio do físico Leo Szilard. Os cientistas alemães haviam mostrado que o átomo de urânio, quando atingido por nêutrons, poderia se partir, liberando mais nêutrons. A energia liberada pela divisão de um único átomo de urânio nesse processo era muito pequena, mas Szilard entendeu que esse processo se amplificava

80

por conta de uma reação em cadeia: a fissão de 1 átomo de urânio produzia 2 nêutrons. Esses nêutrons poderiam então partir 2 outros átomos de urânio, que liberariam assim 4 nêutrons. Então você teria 8 nêutrons, depois 16, 32, 64 e assim por diante — isto é, um aumento exponencial no número de átomos de urânio partidos que liberariam energia suficiente para destruir uma cidade.

De repente, as discussões retóricas que dividiram os físicos na Conferência Solvay viraram uma questão urgente de vida ou morte, com o destino de populações inteiras, e da própria civilização, ameaçado.

Einstein ficou horrorizado quando descobriu que na região da Boêmia os nazistas estavam confiscando as minas de pechblenda que continham urânio. Mesmo sendo um pacifista, Einstein se sentiu obrigado a escrever uma carta para o então presidente americano Franklin Roosevelt insistindo para que os Estados Unidos fizessem uma bomba atômica. Logo depois, Roosevelt autorizou a criação do maior projeto científico de todos os tempos, o Projeto Manhattan.

Enquanto isso, na Alemanha, Werner Heisenberg, provavelmente o mais importante físico quântico da época, foi nomeado chefe do projeto da bomba atômica nazista. Segundo alguns historiadores, o medo de que Heisenberg conseguisse completar a missão antes dos Aliados era tão grande que a OSS, antecessora da CIA, chegou a montar um plano para assassiná-lo. Em 1944, o ex-jogador dos Brooklyn Dodgers Moe Berg foi contratado para tal. Berg foi a uma palestra de Heisenberg em Zurique, com ordens expressas de matar o físico se lhe parecesse que o projeto da bomba nazista estivesse próximo do sucesso. (Essa história está contada no livro de Nicholas Dawidoff, *The Catcher Was a Spy*.)

Por sorte, o projeto da bomba nazista estava bem atrasado em relação ao dos Aliados. Não havia verbas suficientes, estava fora do prazo e a base em que estava sendo desenvolvido era constantemente bombardeada por forças aliadas. E, o mais importante, Heisenberg ainda não havia resolvido o problema crucial para a construção de uma bomba atômica: a determinação da quantidade de urânio e plutônio enriquecidos necessária para se criar uma reação em cadeia, uma quantidade conhecida como massa crítica. (A quantidade é basicamente 9 kg de urânio-235, que cabe na palma da mão.)

Depois da guerra, o mundo começou a ver que as equações obscuras e complicadas da teoria quântica explicavam não só a física atômica, mas também continham o destino da própria espécie humana.

Porém, os físicos lentamente retornaram à pergunta que os instigava antes da guerra: como construir uma teoria quântica da matéria completa?

4

A TEORIA DE QUASE TUDO

Depois da guerra, Einstein, o protagonista que havia desbloqueado a relação cósmica entre matéria e energia e descoberto o segredo das estrelas, viu-se sozinho e isolado.

Praticamente todos os avanços da física se davam no campo da teoria quântica, e não no da teoria do campo unificado. Inclusive, Einstein sofria por ser visto como uma peça de museu pelos outros físicos.

Seu objetivo de encontrar uma teoria de campo unificado era considerado muito difícil pela maioria dos físicos, especialmente porque a força nuclear permanecia um mistério.

Einstein comentou: "De modo geral, sou visto como um fóssil, que ficou cego e surdo com o passar dos anos. Eu não considero essa descrição tão ofensiva, já que ela corresponde ao meu temperamento."

No passado, havia um princípio fundamental que guiava o trabalho de Einstein. Na relatividade especial, sua teoria tinha que permanecer inalterada quando se trocava x, y, z e t. Na relatividade geral, era o princípio da equivalência, que a gravidade e a aceleração eram equivalentes. Mas, em sua busca por uma teoria de tudo, Einstein não conseguia encontrar um princípio que o guiasse. Até os dias de hoje, quando olho as anotações e os cálculos de Einstein, vejo muitas ideias, mas nenhum princípio-guia. Ele mesmo percebeu que isso era a chave do fracasso de sua jornada. E comentou com tristeza: "Acho que, para que eu consiga avançar de fato, vou precisar arrancar algum princípio geral da natureza."

Ele nunca encontrou esse princípio. Einstein disse corajosamente: "Deus é sutil, mas não é malicioso." Em seus últimos anos, ele foi ficando frustrado e concluiu: "Pensei melhor. Talvez Deus *seja* malicioso."

Ainda que a busca por uma teoria de campo unificado estivesse sendo ignorada pela maioria dos físicos, de vez em quando alguém se aventurava em tentar criar uma.

Até Erwin Schrödinger tentou.

Ele modestamente escreveu para Einstein: "Você está caçando um leão enquanto eu falo sobre coelhos."

Mesmo assim, em 1947, Schrödinger deu uma coletiva à imprensa para anunciar a sua versão da teoria do campo unificado. Até o primeiro-ministro da Irlanda, Éamon de Valera, compareceu. Schrödinger disse: "Acredito que estou certo. Vou parecer um idiota completo se estiver errado."

Einstein posteriormente disse a Schrödinger que ele também tinha considerado a mesma ideia, mas concluiu estar errada.

Além disso, a teoria de Schrödinger não conseguia explicar a natureza dos elétrons e dos átomos.

Werner Heisenberg e Wolfgang Pauli também se arriscaram na empreitada e propuseram uma versão própria da teoria do campo unificado. Pauli era o maior cínico da física e um dos grandes críticos do sonho de Einstein. É famosa a sua frase "o que Deus deixou em pedaços, que nenhum homem seja capaz de juntar" — dizendo que, se Deus havia separado as forças do universo, então quem seríamos nós para tentar unificá-las?

Em 1958, Pauli deu uma palestra na Universidade de Columbia, explicando a teoria do campo unificado de Pauli-Heisenberg. Bohr estava na plateia. Depois da apresentação, Bohr se levantou e disse: "Nós aqui no fundo estamos convencidos de que a sua teoria é uma maluquice. Só não sabemos se ela é maluca o bastante."

Isso provocou uma discussão acalorada, com Pauli defendendo que sua teoria era maluca o suficiente para ser verdadeira, enquanto outros diziam que ela não era maluca o bastante. O físico Jeremy Bernstein estava na plateia e se lembra: "Foi um encontro fabuloso entre dois gigantes da física moderna. Eu ficava imaginando o que um leigo acharia daquilo tudo."

Bohr estava certo; a teoria apresentada por Pauli acabou se mostrando incorreta.

Mas Bohr acabou por levantar um ponto importante.

Todas as ideias fáceis e óbvias já haviam sido tentadas por Einstein e seus seguidores, e todas haviam falhado. Portanto, a verdadeira teoria do campo unificado deveria ser radicalmente diferente de tudo o que já se havia tentado.

Ela deveria ser "maluca o suficiente" para ser considerada uma verdadeira teoria de tudo.

QED

O verdadeiro progresso no pós-guerra foi conseguido com o desenvolvimento de uma teoria quântica completa da luz e dos elétrons chamada eletrodinâmica quântica (QED, na sigla em inglês). O objetivo era combinar a teoria de Dirac para o elétron com a de Maxwell para a luz, criando assim uma teoria para a luz e para os elétrons que obedecesse à mecânica quântica e à relatividade especial. (Uma teoria que combinasse os elétrons de Dirac com a relatividade geral era considerada muito difícil.)

Em 1930, Robert Oppenheimer (que iria liderar o projeto de construção da bomba atômica) percebeu algo profundamente perturbador. Quando se tentava descrever a teoria quântica de um elétron interagindo com um fóton, descobria-se que as correções quânticas eram divergentes e os resultados obtidos eram infinitos, inúteis. As correções quânticas deveriam ser pequenas — esse tinha sido o princípio básico há décadas. Então havia uma falha intrínseca em simplesmente juntar a equação de Dirac para os elétrons com a teoria de Maxwell para os fótons. Isso assombrou os físicos por quase duas décadas. Muitos trabalharam nesse problema, porém muito pouco progresso foi feito.

Até que, em 1949, três jovens físicos, trabalhando de forma independente, descobriram a chave para o problema. Richard Feynman e Julian Schwinger, nos Estados Unidos, e Shin'Ichiro Tomonaga, no Japão.

O sucesso deles foi espetacular, pois conseguiram calcular coisas como as propriedades magnéticas do elétron com extrema acurácia. Mas o modo como o fizeram foi controverso e até hoje ainda traz algum desconforto e preocupação para os físicos.

Eles começaram com a equação de Dirac e as equações de Maxwell, onde a massa e a carga do elétron possuem certos valores iniciais (chamados de "massa nua e carga nua"). Depois calcularam as correções quânticas para a massa e a carga nuas. Essas correções quânticas eram infinitas. Este foi o problema encontrado inicialmente por Oppenheimer.

Mas é aí que entra a magia! Se partirmos do pressuposto de que a massa nua e a carga nua eram infinitas desde o princípio, e então calcularmos as correções quânticas infinitas, esses dois números infinitos se cancelarão e obteremos um resultado finito! Em outras palavras, *infinito menos infinito dá zero*!

Era uma ideia maluca, mas funcionava. O valor do campo magnético do elétron podia ser calculado através da QED com acurácia impressionante — uma parte em cem bilhões.

"A concordância numérica obtida entre a teoria e o experimento é talvez a mais impressionante de toda a ciência", Steven Weinberg disse. É como calcular a distância entre Los Angeles e Nova York com margem de erro do tamanho da espessura de um fio de cabelo. Schwinger ficou tão orgulhoso disso que pediu que o símbolo associado a seu resultado fosse entalhado em sua lápide.

O método se chama teoria da renormalização. O procedimento, porém, é árduo, complexo e tedioso. Literalmente, milhares de termos precisam ser calculados com exatidão, e todos eles precisam se cancelar perfeitamente. O menor dos erros nesse calhamaço de equações pode colocar a perder todo o cálculo. (Não é exagero dizer que alguns físicos passam a vida inteira calculando correções quânticas à casa decimal seguinte usando a teoria da renormalização.)

Como o processo de renormalização é tão difícil, até Dirac, que ajudou a criar a QED no início, não gostava dele. Dirac achava que aquilo era totalmente artificial, como varrer coisas para debaixo do tapete. Certa vez ele declarou: "Essa matemática simplesmente não faz sentido. A matemática que faz sentido nos permite desprezar fatores porque são muito pequenos — e não desprezar fatores porque são infinitamente grandes e você não os quer por perto!"

A teoria da renormalização, que combina a relatividade especial de Einstein com o eletromagnetismo de Maxwell, é realmente muito feia. Você precisa dominar uma enciclopédia de truques matemáticos para cancelar milhares de termos. Mas não se pode negar seus resultados.

APLICAÇÕES DA REVOLUÇÃO QUÂNTICA

Isso, por sua vez, pavimentou o caminho para um conjunto de descobertas que daria início à terceira grande revolução da história, a revolução high-tech, incluindo os transistores e os lasers, e nos ajudou a criar o mundo moderno.

Pense no transistor, talvez a invenção mais importante dos últimos cem anos. O transistor abriu as portas para a revolução da informação, com a criação de uma vasta rede de telecomunicações, computadores e a internet. Um transistor é basicamente uma porta que controla o fluxo de elétrons. Algo como uma válvula. Basta uma pequena abertura em uma válvula, e você pode controlar o fluxo de água em um cano. De maneira análoga, um transistor é como uma pequena válvula através da qual uma pequena quantidade de eletricidade regula um fluxo muito maior de elétrons em um fio. Desta forma, um sinal fraco pode ser amplificado.

Da mesma forma, o laser, um dos dispositivos óticos mais versáteis da história, é outro subproduto da teoria quântica. Para criar um laser de gás, comece com um tubo cheio de hidrogênio e hélio. Em seguida, injete uma descarga de energia (uma corrente elétrica). Essa súbita injeção de energia faz com que trilhões de elétrons no gás saltem para níveis energéticos mais elevados. O conjunto desses átomos energizados, porém, é instável. Se um elétron decai para um nível inferior, ele emite um fóton luminoso, que atinge um átomo vizinho energizado. Isso faz com que esse próximo átomo decaia e emita outro fóton. A mecânica quântica diz que esse segundo fóton oscila coerentemente com o primeiro. Espelhos podem ser instalados em ambas as extremidades do tubo, amplificando essa cascata de fótons. Logo esse processo provoca uma gigantesca avalanche de fótons, todos oscilando de forma coerente, criando um raio laser.

Hoje em dia lasers são encontrados em qualquer lugar: caixas de supermercado, hospitais, computadores, shows de rock, satélites no espaço etc. Não somente grandes quantidades de informações podem ser transportadas por lasers, mas você também pode transmitir quantidades colossais de energia, o suficiente para perfurar a maioria dos materiais conhecidos. (Aparentemente, as únicas limitações para quanta energia um raio laser pode conter são a estabilidade do próprio gás do laser e a energia original que rege a reação em cadeia. Portanto, com um gás adequado e uma fonte de energia forte o suficiente, poderíamos criar um raio laser parecido com aqueles que vemos em filmes de ficção científica.)

A EQUAÇÃO DE DEUS

O QUE É VIDA?

Erwin Schrödinger foi uma figura importantíssima na criação da mecânica quântica. Mas Schrödinger também tinha interesse em um outro problema que tem fascinado os cientistas por séculos: o que é vida? Será que a mecânica quântica poderia resolver esse antigo mistério? Ele acreditava que um subproduto dessa revolução quântica seria o entendimento sobre a origem da vida.

Através da história, cientistas e filósofos acreditavam que havia algum tipo de força vital que dava vida às coisas. Quando uma alma misteriosa entrava em um corpo, esse corpo de repente se tornava vivo e agia como uma pessoa. Muitos acreditavam em algo chamado dualismo, no qual o corpo material compartilhava sua existência com uma alma espiritual.

Schrödinger acreditava que o código da vida estaria escondido dentro de alguma molécula-mestre que obedeceria às leis da mecânica quântica. Einstein, por exemplo, eliminou o éter da física. Do mesmo modo, Schrödinger estava tentando eliminar a força vital da biologia. Em 1944, ele escreveu um livro pioneiro, *O que é vida?*, que teve um efeito profundo na nova geração de cientistas do pós-guerra. Schrödinger propôs o uso da mecânica quântica para responder à mais antiga pergunta sobre a vida. Nesse livro, ele mostrou que um código genético era, de alguma forma, passado de uma geração de organismos vivos para outra. Ele acreditava que esse código ficava salvo não em uma alma, mas num conjunto de moléculas em nossas células. Usando a mecânica quântica, ele teorizou sobre o que poderia ser essa molécula-mestre. Infelizmente, não se sabia o suficiente sobre biologia molecular nos anos 1940 para que sua pergunta fosse respondida.

Mas dois cientistas, James D. Watson e Francis Crick, leram o livro e ficaram fascinados com a procura por essa molécula-mestre. Watson e Crick perceberam que moléculas são tão pequenas que é impossível vê-las ou manipulá-las. Isso porque o comprimento de onda da luz visível é muito maior do que uma molécula em si.

Mas eles tinham outro truque quântico escondido na manga: cristalografia com raios X. O comprimento de onda dos raios X é comparável ao tamanho de uma molécula, de modo que, ao iluminar um cristal de matéria orgânica com raios X, os raios se espalhariam em múltiplas direções. Mas o padrão de espalhamento continha informações detalhadas sobre a estrutura atômica do cristal. Moléculas diferentes produziam padrões de espalhamento por raios X diferentes. Um físico quântico habilidoso, só de olhar as fotos dos espalhamentos, poderia deduzir como era a estrutura original da molécula. Então, mesmo que não conseguisse ver a molécula propriamente dita, você conseguiria decifrar sua estrutura.

A mecânica quântica é tão poderosa que você consegue determinar o ângulo com que diferentes átomos se ligam para formar moléculas. Como uma criança brincando com peças de montar, pode-se criar, pedacinho por pedacinho, átomo por átomo, cadeias inteiras de átomos ligados que reproduzem a estrutura real de uma molécula complexa. Watson e Crick perceberam que a molécula de DNA era um dos constituintes principais do núcleo das células, então ela seria uma excelente candidata. Ao analisar as fotos em raios X obtidas por Rosalind Franklin, eles puderam concluir que a estrutura da molécula de DNA era uma dupla-hélice.

Em um dos artigos mais importantes publicados no século XX, Watson e Crick se utilizaram da mecânica quântica para decodificar a estrutura completa da molécula de DNA. Foi uma obra-prima! Eles demonstraram de forma conclusiva que o processo fundamental dos seres vivos — a reprodução — podia ser replicado em nível molecular. A vida estava codificada nas cadeias de DNA que podiam ser encontradas em todas as células.

Esta foi a descoberta que tornou possível a conquista do santo graal da biologia, o Projeto Genoma Humano, que nos deu uma descrição atômica completa de um DNA humano.

Como Charles Darwin havia previsto no século anterior, agora era possível construir a árvore genealógica da vida na Terra, com cada ser vivo ou fóssil bem localizado em algum ramo dessa árvore. E tudo isso por causa da mecânica quântica.

A unificação das leis da física quântica não só nos revelou os segredos do universo, mas também unificou a árvore da vida.

A FORÇA NUCLEAR

Vamos lembrar que Einstein não conseguiu completar sua teoria do campo unificado em parte porque lhe faltava uma grande peça do quebra-cabeça: a força nuclear. Nos anos 1920 e 1930, quase nada era sabido sobre ela.

Mas no pós-guerra, levados pelo sucesso estrondoso da QED, os físicos voltaram sua atenção para o próximo problema premente — usar a teoria quântica para explicar a força nuclear. Essa seria uma tarefa difícil e árdua, já que estavam começando a partir do zero e precisavam de instrumentos novos e potentes para navegar por esse território desconhecido.

Há dois tipos de força nuclear: a forte e a fraca. Como o próton tem carga positiva, e como partículas positivas se repelem, o núcleo atômico não deveria ser coeso. O que mantém o núcleo estável, se sobrepondo à repulsão eletrostática, são as forças nucleares. Sem elas, todo o nosso mundo se dissolveria em uma nuvem de partículas subatômicas.

A força nuclear forte é suficiente para manter estável o núcleo de muitos elementos químicos, por tempo indeterminado. Muitos são estáveis desde o começo do próprio universo, especialmente se as quantidades de prótons e nêutrons estiverem equilibradas. Alguns núcleos, porém, são instáveis por vários motivos, especialmente se eles têm muitos prótons ou nêutrons. Se têm muitos prótons, então a repulsão elétrica fará com que o núcleo se quebre. Se têm muitos nêutrons, então a própria instabilidade dos nêutrons faz com que eles decaiam. Em particular, a força nuclear fraca não é forte o bastante para manter um nêutron coeso por tempo suficiente, então ele se despedaça. Por exemplo, metade dos nêutrons de qualquer conjunto aleatório de nêutrons vai decair em 14 minutos. O que esse decaimento produz são três partículas: um próton; um elétron; e uma outra partícula misteriosa, o antineutrino, sobre o qual falaremos mais adiante.

O estudo da força nuclear é extremamente difícil, uma vez que um núcleo é cem mil vezes menor que um átomo. Para estudar o interior de um próton, os físicos precisavam de uma nova ferramenta: o acelerador de partículas. Vimos como, anos antes, Ernest Rutherford usou raios emitidos por átomos de rádio dentro de uma caixa de chumbo para descobrir o núcleo. Para explorar o interior do núcleo, os físicos precisavam de uma fonte de radiação ainda mais poderosa.

Em 1929, Ernest Lawrence inventou o cíclotron, o precursor dos aceleradores de partículas gigantes da atualidade.

O princípio básico por trás do cíclotron é simples.

Um campo magnético faz prótons se moverem em um caminho circular. A cada volta, os prótons são empurrados mais um pouquinho através de um campo elétrico. Ao fim de muitas voltas, o feixe de prótons pode atingir milhões ou mesmo bilhões de elétrons-volts.

(O princípio básico de um acelerador de partículas é tão simples que eu mesmo construí um acelerador, um betatron, quando estava no ensino médio.)

Esse feixe de prótons é então direcionado para um alvo, onde se choca com outros prótons. Analisando cuidadosamente os destroços dessa colisão, os cientistas conseguiram identificar partículas nunca antes observadas.

(Este processo de atirar feixes energizados de partículas para destruir prótons é uma operação imprecisa e muito bagunçada. Dá para compará-lo com a ideia de jogar um piano pela janela e depois tentar deduzir as propriedades do piano apenas pelo barulho que ele faz ao cair no chão. Mas, por mais impreciso que esse processo seja, é um dos únicos métodos que temos para investigar o interior dos prótons.)

Quando os físicos atingiram prótons pela primeira vez em um acelerador de partículas, nos anos 1950, eles descobriram, para seu desespero, um verdadeiro zoológico de partículas inesperadas.

Foi constrangedor. Acreditava-se que a natureza ficaria mais simples quanto mais nos aprofundássemos em nossas buscas, e não mais complexa. Para o físico quântico, parecia que a natureza talvez fosse maliciosa, no fim das contas.

Frustrado com a enxurrada de novas partículas, Robert Oppenheimer declarou que o prêmio Nobel de física deveria ser dado ao físico que *não* tivesse descoberto uma nova partícula naquele ano. Enrico Fermi disse: "Se eu soubesse que teríamos tantas partículas com nomes gregos, eu teria me tornado botânico, e não físico."

Os pesquisadores estavam se afogando em partículas subatômicas. Essa confusão fez com que alguns físicos declarassem que talvez a mente humana não fosse inteligente o bastante para entender o mundo subatômico. Afinal de contas, eles diziam, se é impossível ensinar cálculo para um cachorro, então talvez o cérebro humano não fosse poderoso o suficiente para compreender o que estava acontecendo no núcleo de um átomo.

Parte da confusão começou a ser dissipada graças ao trabalho de Murray Gell-Mann e seus colegas do Instituto de Tecnologia da Califórnia (Caltech), que afirmavam que dentro dos prótons e dos nêutrons haveria três partículas ainda menores, os quarks.

Era um modelo simples, mas funcionava maravilhosamente bem, classificando as partículas em grupos. Como Mendeleyev já havia feito antes dele, Gell-Mann conseguia prever as propriedades de novas partículas fortemente interagentes apenas observando as lacunas em sua teoria. Em 1964, uma partícula prevista pelo modelo dos quarks, a chamada ômega-menos, foi de fato descoberta, demonstrando a validade da teoria, pela qual Gell-Mann ganhou o prêmio Nobel.

O motivo pelo qual o modelo dos quarks conseguiu unificar tantas partículas foi porque ele é baseado em uma simetria. Einstein, como já sabemos, introduziu uma simetria quadridimensional que transformava tempo em espaço e vice-versa. Gell-Mann criou equações contendo três quarks; quando você mudava esses quarks dentro da equação, ela permanecia a mesma. Essa nova simetria descrevia o embaralhamento de três quarks.

OS OPOSTOS II

O outro grande físico do Caltech, Richard Feynman, que havia renormalizado a QED, e Murray Gell-Mann, que introduziu os quarks, eram completamente opostos em personalidade e temperamento.

Nos grandes meios de comunicação, os físicos são retratados universalmente como cientistas malucos (como o Doutor Brown, em *De volta para o futuro*) ou como nerds socialmente inaptos, como no seriado *The Big Bang Theory*. Na verdade, físicos se apresentam em todas as formas, tamanhos e personalidades.

Feynman era um sujeito expansivo, exibido e engraçado, cheio de histórias sobre suas incríveis proezas, sempre contadas com um sotaque de gente simples. (Durante a Segunda Guerra Mundial, ele arrombou o cofre que guardava os segredos sobre a bomba atômica no Laboratório Nacional de Los Alamos. Dentro do cofre, ele deixou um bilhete em código. Quando os oficiais militares encontraram esse bilhete no dia seguinte, foi um estresse generalizado no laboratório mais secreto dos Estados Unidos.) Nada era estranho demais ou diferente demais para Feynman; por pura curiosidade, certa vez ele se trancou em uma câmara hiperbárica para ver se conseguia induzir a si mesmo em uma experiência extracorporal.

Gell-Mann, no entanto, era o oposto, sempre cortês, econômico com as palavras e gestos. Seus passatempos favoritos eram observar pássaros, colecionar antiguidades, estudar línguas e arqueologia, nunca ficar contando histórias para os outros. Mas, por mais diferentes que fossem em caráter, ambos tinham os mesmos objetivos e a mesma determinação, o que os ajudou a decifrar os mistérios da teoria quântica.

A FORÇA FRACA E AS PARTÍCULAS FANTASMAGÓRICAS

Enquanto isso, largos passos eram dados na direção de entender a força nuclear fraca, que é cerca de um milhão de vezes mais fraca que a força forte.

A força fraca, por exemplo, não é forte o bastante para manter coeso o núcleo de diferentes átomos, impedindo que eles se desmanchem e decaiam em partículas subatômicas menores. O decaimento radiativo, como já vimos, é o motivo pelo qual o interior da Terra é tão quente. A energia feroz dos vulcões trovejantes e dos violentos terremotos vem da força nuclear fraca. Uma nova partícula precisou ser introduzida para explicar a força fraca. Um nêutron, por exemplo, é instável e acaba decaindo em um próton e um elétron. Isso se chama decaimento beta. Mas, para que os cálculos funcionassem, os físicos precisaram introduzir uma terceira partícula, uma partícula assombrosa chamada neutrino.

O neutrino é às vezes chamado de partícula-fantasma porque pode atravessar planetas inteiros e até estrelas sem ser absorvido. Neste exato momento, seu corpo está sendo bombardeado por uma enxurrada de neutrinos vindos do espaço, alguns dos quais já atravessaram todo o planeta Terra. Alguns desses neutrinos conseguiriam atravessar um bloco de chumbo com a espessura equivalente à distância entre a Terra e a estrela mais próxima.

Pauli, que tinha previsto a existência do neutrino em 1930, se lamentou certa vez: "Eu cometi o derradeiro pecado. Introduzi uma partícula que jamais poderá ser observada."

Mas, por mais elusiva que fosse essa partícula, ela finalmente foi descoberta experimentalmente em 1956 através da análise da radiação intensa emitida por uma usina nuclear.

(Apesar de neutrinos raramente interagirem com matéria ordinária, os físicos compensaram isso ao explorar a quantidade enorme de neutrinos emitidos por um reator nuclear.)

Para entender a força nuclear fraca, os físicos introduziram, mais uma vez, uma nova simetria. Uma vez que o elétron e o neutrino são um par de partículas que interagem fracamente, foi proposto que eles poderiam ser pareados, criando uma simetria. Essa nova simetria, por sua vez, poderia ser acoplada à simetria mais antiga da teoria de Maxwell.

A teoria resultante foi chamada de teoria eletrofraca, por ter unificado o eletromagnetismo com a força nuclear fraca.

Essa teoria eletrofraca de Steven Weinberg, Sheldon Glashow e Abdus Salam os fez serem agraciados com o prêmio Nobel de física de 1979.

A luz, em vez de ter sido unificada à gravidade, como Einstein queria, aparentemente preferiu se unir à força nuclear fraca.

Assim, a força forte era baseada na simetria de Gell-Mann, que liga três quarks para formar prótons e nêutrons, enquanto a força fraca era baseada em uma simetria menor, uma combinação entre o elétron e o neutrino, para então ser combinada com o eletromagnetismo.

Mas, por mais poderosos que fossem o modelo dos quarks e a teoria eletrofraca para descrever o zoológico de partículas

TEORIA DE YANG-MILLS

subatômicas, ainda existia uma grande lacuna. A questão premente era: o que mantém todas essas partículas juntas?

TEORIA DE YANG-MILLS

Como o campo de Maxwell havia obtido tanto sucesso em prever as propriedades do eletromagnetismo, os físicos começaram a estudar uma nova, e mais poderosa, versão da equação de Maxwell. Ela foi proposta por Chen Ning Yang e Robert L. Mills em 1954. Em vez de termos um único campo, como descrito por Maxwell em 1861, essa nova abordagem introduzia uma família de campos. A mesma simetria que Gell-Mann usara para rearrumar os quarks em sua teoria estava agora sendo usada para rearrumar essa nova coleção de campos de Yang-Mills.

A ideia era simples. O que mantém o átomo coeso é o campo elétrico, que é descrito pelas equações de Maxwell. Então talvez o que mantenha os quarks unidos seja uma generalização das equações de Maxwell — isto é, os campos de Yang-Mills. A mesma simetria que descreve os quarks é agora aplicada ao campo de Yang-Mills.

Por várias décadas, porém, essa ideia simples ficou emperrada porque, ao se calcular as propriedades das partículas de Yang--Mills, o resultado era de novo infinito, assim como já havia acontecido com a QED. Infelizmente, as ferramentas trazidas por Feynman não eram suficientes para renormalizar a teoria de Yang-Mills. Por anos, os físicos se desesperaram para encontrar uma teoria finita para a força nuclear.

Finalmente, um estudante holandês de pós-graduação engenhoso, Gerard 't Hooft, teve a coragem e a persistência para atravessar a vastidão de termos infinitos e, na força bruta, renormalizar a teoria de Yang-Mills. Nessa época, os computadores já eram avançados o suficiente para analisar esses infinitos. Quando o programa de computador dele devolveu um monte de zeros, representando essas correções quânticas, ele sabia que estava fazendo algo certo.

As notícias desse avanço atraíram imediatamente a atenção da comunidade. O físico Sheldon Glashow declarou: "Ou esse cara é um completo idiota ou é o maior gênio da física em anos!"

Foi um *tour de force* que concedeu a 't Hooft e seu orientador, Martinus Veltman, o Nobel de física de 1999. De repente, havia um novo campo que podia ser usado para juntar as partículas conhecidas através da força nuclear e explicar a força fraca. Quando aplicado aos quarks, o campo de Yang-Mills é chamado de glúon, porque funciona como uma cola que mantém os quarks unidos. (Simulações de computador mostram que o campo de Yang-Mills se condensa em uma substância viscosa que mantém os quarks juntos, como uma cola.) Para fazer isso, era preciso que os quarks existissem em três tipos diferentes, ou cores, obedecendo à simetria tríplice de Gell-Mann. Uma nova teoria da força forte começou assim a ganhar vasta aceitação. Essa nova teoria foi batizada de Cromodinâmica Quântica (QCD, na sigla em inglês), e atualmente é a melhor representação da força nuclear forte.

O BÓSON DE HIGGS — A PARTÍCULA DE DEUS

Então, pouco a pouco, uma nova teoria estava surgindo de todo esse caos, chamada de modelo-padrão. A confusão envolvendo o zoológico de partículas subatômicas estava sendo esclarecida. Um campo de Yang-Mills (chamado de glúon) mantinha os quarks unidos em nêutrons e prótons, e outro campo de Yang--Mills (chamado de partículas W e Z) descrevia a interação entre elétrons e neutrinos.

Mas o que impedia a aceitação final do modelo-padrão era a ausência da última peça do quebra-cabeça de partículas, chamada bóson de Higgs, também conhecida como a partícula de Deus. Simetria não era suficiente. Precisamos de uma maneira de quebrar a simetria porque o universo que vemos ao nosso redor não é perfeitamente simétrico.

Quando olhamos para o universo hoje, vemos as quatro forças funcionando de forma independente umas das outras. Gravidade, luz e as forças nucleares, à primeira vista, parecem não ter nada em comum. Mas, à medida que voltamos no tempo, essas forças começam a convergir, talvez resultando em uma única força no instante da criação.

Uma nova ideia começou a ser desenvolvida, usando a física de partículas para explicar o maior mistério da cosmologia, o nascimento do universo. De repente, duas áreas muito diferentes, a mecânica quântica e a relatividade geral, começaram a se misturar.

Com esta nova ideia, no momento do Big Bang, todas as quatro forças estavam fundidas em uma única superforça que respeitava a simetria-mestre. Essa simetria-mestre permitia o rodízio entre todas as partículas do universo, transformando-as umas nas outras. A equação que governava a superforça era a equação de Deus. Sua simetria era a simetria que havia se escondido de Einstein e de todos os físicos desde então.

A EQUAÇÃO DE DEUS

Depois do Big Bang, à medida que o universo se expandia, ele começou a esfriar, e as várias forças e simetrias começaram a se quebrar e se separar, deixando fragmentadas as simetrias das forças fraca e forte do modelo-padrão atual. Esse processo é conhecido como quebra de simetria. Isso significa que precisamos de um mecanismo que quebre de forma precisa a simetria original, nos fornecendo o modelo-padrão. É aí que entra o bóson de Higgs.

Para visualizar isso, pense em uma represa. A água represada tem uma simetria. Se você girar a água, ela não muda de aspecto. E todos nós sabemos por experiência diária que a água desce ladeira abaixo. Isso, segundo Newton, acontece porque a água busca o estado de menor energia. Se a represa se romper, a água irá descer muito rapidamente em busca do estado de menor energia. Dessa forma, a água represada está num estado de maior energia. Os físicos chamam o estado da água represada de falso vácuo, porque ele é instável até que a água, após o rompimento da represa, encontre o estado de menor energia no vale abaixo, ou o vácuo verdadeiro. Depois que a barragem se rompe, a simetria original deixa de existir, mas a água agora se encontra em seu verdadeiro estado fundamental.

Esse efeito também é percebido quando observamos água começando a ferver. Imediatamente antes de começar a ferver, a água está em um estado de falso vácuo. Ela é instável, mas simétrica — você pode girar a água, e ela não muda de aparência. Mas por fim algumas bolhas começam a se formar, e cada bolha existe em um estado de energia menor do que o da água ao seu redor. Cada bolha começa a se expandir até que existam bolhas suficientes se juntando, e a água começa a ferver.

A TEORIA DE QUASE TUDO

De acordo com esse cenário, o universo estava originalmente em um estado de perfeita simetria. Todas as partículas subatômicas faziam parte da mesma simetria e todas tinham massa nula. Como a massa de cada uma delas era zero, elas podiam ser trocadas entre si e a equação não se alterava. Porém, por alguma razão desconhecida, esse estado era instável; era um falso vácuo. O campo necessário para criar o vácuo verdadeiro (porém quebrado) é o campo de Higgs. Como o campo elétrico de Faraday, que permeia todos os cantos do espaço, o campo de Higgs também se espalha por todo o espaço-tempo.

Mas, por alguma razão, a simetria do campo de Higgs começou a se quebrar.

Pequenas bolhas começaram a se formar no campo de Higgs. Fora das bolhas, todas as partículas permaneciam sem massa e simétricas entre si. Dentro da bolha, algumas partículas tinham massa. À medida que o Big Bang foi acontecendo, a bolha se expandiu muito rapidamente, as partículas começaram a adquirir diferentes massas e a simetria original foi quebrada. Ao final, o universo como um todo passou a existir em um novo estado de vácuo, dentro de uma bolha gigante.

Nos anos 1970, o trabalho árduo de muitos grupos de físicos começou a dar frutos. Após décadas peregrinando sem saber para onde iam, eles finalmente estavam começando a encaixar as peças do quebra-cabeça. Eles perceberam que, ao juntar três teorias distintas (representando a força forte, a força fraca e a força eletromagnética), eles conseguiam escrever um conjunto de equações que realmente reproduzia os resultados observados em laboratório. O segredo era criar uma simetria-mestre agrupando três simetrias menores. A primeira simetria descreve a força nuclear forte, e permite o rodízio de quarks entre eles mesmos. A segunda simetria descreve a força nuclear fraca, e envolve o rodízio de elétrons e neutrinos. A terceira simetria descreve o campo original de Maxwell. A teoria final era esquisita, mas não se podia negar o seu sucesso.

A TEORIA DE QUASE TUDO

Incrivelmente, o modelo-padrão podia prever, de forma acurada, as propriedades da matéria em seus primórdios: uma fração de segundo após o Big Bang.

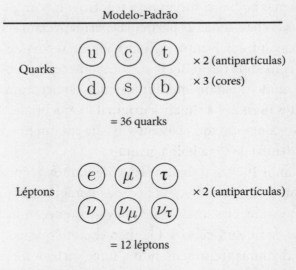

Figura 9. O modelo-padrão é uma estranha coleção de partículas subatômicas que descreve com acurácia nosso universo quântico, com 36 quarks e antiquarks, 12 partículas e antipartículas de interação fraca (os léptons) e uma grande variedade de campos de Yang-Mills e bósons de Higgs, partículas que surgem quando você excita o campo de Higgs.

A TEORIA DE QUASE TUDO

Ainda que o modelo-padrão represente o nosso melhor entendimento do mundo subatômico, há várias lacunas gritantes. Primeiramente, o modelo-padrão não fala nada sobre a gravidade. Isso é um problema enorme, uma vez que a gravidade é a força que controla o comportamento do universo em larga escala. E todas as vezes que os físicos tentaram incluir a gravidade no modelo-padrão não conseguiram resolver as equações resultantes. As correções quânticas que surgiam, em vez de serem pequenas, eram infinitas, como com a QED e com as partículas de Yang-Mills. Assim, o modelo-padrão não consegue esclarecer alguns dos mistérios mais antigos do universo, como o que aconteceu antes do Big Bang e o que acontece dentro de um buraco negro. (Vamos voltar a esses pontos importantes mais à frente.)

Em segundo lugar, o modelo-padrão foi criado unindo-se, na marra, diferentes teorias que descreviam diferentes forças, de modo que ele é uma colcha de retalhos. (Um físico comparou o processo como se alguém tivesse juntado um ornitorrinco, um tamanduá e uma baleia e tivesse declarado ter criado a criatura mais elegante da natureza. O animal resultante, ele insistia, era algo que só a própria mãe poderia amar.)

Em terceiro lugar, o modelo-padrão depende de uma quantidade de parâmetros que não são determinados (como a massa dos quarks e a intensidade das interações). Na verdade, há cerca de vinte constantes que precisaram ser colocadas à mão, sem o menor entendimento sobre de onde elas vieram ou o que elas significavam.

Em quarto lugar, ele não apresenta apenas uma espécie, mas três espécies, ou gerações, de quarks, glúons, elétrons e neutrinos. (Resumindo, há 36 quarks, com 3 cores, em 3 gerações, junto com

A EQUAÇÃO DE DEUS

suas antipartículas correspondentes e 20 parâmetros arbitrários.) Os físicos achavam difícil acreditar que algo tão bagunçado e desajeitado pudesse ser a teoria fundamental do universo.

LHC

Como há muito em jogo, alguns países estão dispostos a gastar bilhões para construir a próxima geração de aceleradores de partículas. Atualmente, as manchetes estão sendo estampadas com o Grande Colisor de Hádrons (LHC, na sigla em inglês), perto de Genebra, na Suíça, o maior equipamento já construído pela ciência, que custou mais de 12 bilhões de dólares e possui mais de 27 km de circunferência.

O LHC parece uma rosquinha gigante que se espreme na fronteira entre a França e a Suíça. Dentro do tubo, prótons são acelerados até atingir energias extremamente altas. Então eles colidem com outro feixe de prótons acelerados no sentido oposto, liberando 14 trilhões de elétrons-volts de energia e criando uma imensa cascata de partículas subatômicas. Os computadores mais avançados do mundo são então usados para tentar dar um sentido a essa nuvem de partículas.

O objetivo do LHC é reproduzir as condições que existiam logo depois do Big Bang e desta forma recriar as partículas instáveis daquela época. Finalmente, em 2012, o bóson de Higgs, a última peça do modelo-padrão, foi encontrado.

Ainda que tenha sido um grande dia para a física de altas energias, os físicos perceberam que ainda havia um longo caminho a ser percorrido. Afinal, o modelo-padrão de fato descreve todas as interações entre as partículas, desde o interior de um próton até os limites do universo Visível. O problema é que a teoria é bem confusa. No passado, todas as vezes que os físicos descobriam algo sobre a natureza fundamental da matéria, simetrias novas e elegantes surgiam, de modo que os físicos acharam problemático que, no nível mais fundamental de todos, a natureza parecia preferir uma teoria tão desleixada.

Apesar de seu sucesso na prática, está óbvio para todos que o modelo-padrão é apenas um rascunho da teoria final, que ainda está por vir.

Enquanto isso, os físicos, levados pelo enorme sucesso da teoria quântica quando aplicada às partículas subatômicas, começaram a reexaminar a teoria da relatividade geral, que já estava perdendo forças havia décadas. De repente os físicos tinham um propósito mais ambicioso: juntar o modelo-padrão com a gravidade, ou seja, precisaríamos de uma teoria quântica para a própria gravidade. Essa seria verdadeiramente uma teoria de tudo, onde todas as correções quânticas ao modelo-padrão e à relatividade geral pudessem ser calculadas.

Até aquele ponto, a teoria da renormalização era uma jogada inteligente que havia cancelado as correções quânticas da QED e do modelo-padrão. O ponto principal era representar as forças eletromagnéticas e nucleares como partículas, os fótons e as partículas de Yang-Mills, e então magicamente dar um sumiço nos infinitos que apareciam, absorvendo-os em outro lugar. Todos os infinitos desagradáveis eram varridos para debaixo do tapete.

Ingenuamente, os físicos seguiram essa tradição e, a partir da teoria da gravitação de Einstein, introduziram uma nova partícula, chamada de gráviton. A superfície suave usada por Einstein para representar a essência do espaço-tempo estava agora fervilhando com trilhões de partículas microscópicas: os grávitons.

Infelizmente, o cinto de utilidades com truques acumulados arduamente pelos físicos ao longo dos setenta anos anteriores para eliminar os infinitos não funcionou com o gráviton. As correções quânticas para o gráviton eram infinitas e não podiam ser absorvidas por outros termos. Os físicos deram com a cara na parede. A série de vitórias foi subitamente interrompida.

Frustrados, os físicos passaram a se contentar com objetivos mais modestos. Incapazes de criar uma teoria quântica completa para a gravidade, eles tentaram calcular o que acontece quando a matéria ordinária é quantizada, deixando a gravidade quieta. Isso significava calcular as correções quânticas para as estrelas e para as galáxias, sem mexer na gravidade. Ao quantizar apenas a matéria, eles esperavam criar um degrau que lhes permitisse ter algum *insight* na formulação de uma teoria quântica para a gravidade.

Esse era um objetivo mais modesto, mas abriu a porteira para uma série de fenômenos novos e fascinantes que desafiariam a visão que tínhamos sobre o universo. De repente, os físicos quânticos se depararam com os fenômenos mais bizarros do universo: buracos negros, buracos de minhoca, matéria e energia escuras, viagens no tempo e até a criação do próprio universo.

Mas a descoberta desses estranhos fenômenos cósmicos se mostrou um desafio adicional para a teoria de tudo, que precisaria agora explicar não somente as partículas subatômicas já conhecidas do modelo-padrão, mas também todos esses estranhos fenômenos que esgarçam a imaginação humana.

5

O UNIVERSO ESCURO

Em 2019, jornais e sites ao redor do mundo anunciaram de forma sensacional em suas manchetes: os astrônomos conseguiram tirar pela primeira vez uma foto de um buraco negro. Bilhões de pessoas viram aquela imagem forte, uma bola vermelha de gás incandescente com uma forma arredondada e escura no meio. Aquele objeto misterioso capturou a imaginação do público e dominou os noticiários. Os buracos negros não apenas intrigavam e fascinavam os físicos, como também haviam penetrado o imaginário público, aparecendo em vários documentários e em uma quantidade grande de filmes.

O buraco negro que foi fotografado pelo Telescópio Horizonte de Eventos fica na galáxia M87, a 53 milhões de anos-luz da Terra. O buraco negro é de fato um monstro, concentrando uma massa equivalente a cinco bilhões de sóis. Nosso sistema solar inteiro, muito além de Plutão, caberia naquela mancha negra da foto.

A EQUAÇÃO DE DEUS

Para conseguir esse feito histórico, os astrônomos criaram um supertelescópio. Normalmente, um radiotelescópio não é grande o suficiente para captar ondas de rádio tão fracas e criar uma imagem de um objeto tão distante. Mas os astrônomos conseguiram fotografar o buraco negro combinando o sinal captado por cinco radiotelescópios distintos espalhados pelo planeta. Ao usar supercomputadores para combinar cuidadosamente esses sinais distintos, eles criaram artificialmente um radiotelescópio gigante, do tamanho do planeta Terra.

Esse equipamento era tão sensível e poderoso que seria, em princípio, capaz de observar, da Terra, uma laranja na superfície da lua.

Esse tipo de descoberta notável na astronomia havia renovado o interesse pela teoria de gravitação de Einstein. Infelizmente, nos cinquenta anos anteriores a pesquisa sobre a gravitação de Einstein estava relativamente estagnada. As equações são bem complicadas, normalmente relacionando centenas de variáveis; e os experimentos são simplesmente muito caros, necessitando de detectores com quilômetros de extensão.

A ironia é que, ainda que Einstein tivesse reservas em relação à teoria quântica, o atual renascimento pelo qual passa a relatividade foi alimentado justamente pela tentativa de junção entre ambas, através da aplicação de métodos da teoria quântica à relatividade geral. Como já dissemos, um entendimento completo do gráviton, e como eliminar suas correções quânticas, é tido como muito difícil, mas uma aplicação mais modesta da teoria quântica às estrelas (deixando-se de lado as correções para o gráviton) abriu os céus para uma onda de descobertas científicas surpreendentes.

O UNIVERSO ESCURO

O QUE É UM BURACO NEGRO?

A ideia básica por trás do conceito de buraco negro pode ser encontrada já na descoberta de Newton sobre as leis da gravidade. Seu *Principia* nos deu um panorama simples: se você disparar um canhão com energia suficiente, a bala vai dar uma volta completa ao redor da Terra e retornar ao ponto de partida.

Mas o que acontece se você apontar o canhão para cima? Newton percebeu que a bala vai subir e subir até atingir uma altura máxima e então vai começar a cair de volta para a Terra. Mas, com energia suficiente, a bala de canhão poderá atingir a velocidade de escape — isto é, a velocidade necessária para escapar da gravidade terrestre e ir para o espaço, sem nunca voltar.

É um exercício simples, calcular a velocidade de escape da Terra usando as leis de Newton. O resultado é 40.000 km/h. Essa foi a velocidade que nossos astronautas precisaram atingir para chegar à nossa lua em 1969. Se você não atingir a velocidade de escape, ou você entra em órbita ou cai de volta na Terra.

Em 1783, um geólogo e astrônomo chamado John Michell se perguntou: o que acontece se a velocidade de escape de um corpo for a própria velocidade da luz? Se um raio de luz for emitido por uma estrela tão massiva que a velocidade de escape local seja a própria velocidade da luz, talvez o raio de luz não consiga escapar da estrela. Toda a luz emitida pela estrela vai cair de volta nela mesma. Michell chamou essas de estrelas escuras, corpos celestes negros pois a luz não conseguiria escapar da imensa gravidade gerada por eles mesmos. Mas no século XVIII os cientistas não sabiam muito sobre as estrelas nem o valor da velocidade da luz, de modo que essa ideia ficou esquecida por séculos.

A EQUAÇÃO DE DEUS

Em 1916, no meio da Primeira Guerra Mundial, o físico alemão Karl Schwarzschild estava alistado como soldado de artilharia do exército no front russo. Enquanto lutava no meio de uma guerra sangrenta, ele encontrou tempo para ler e digerir o famoso artigo de Einstein, de 1915, sobre a relatividade geral. Schwarzschild teve um *insight* matemático brilhante e encontrou uma solução exata para as equações de Einstein. Em vez de aplicá--las a uma galáxia ou ao universo, o que era muito complicado, ele começou com o mais simples de todos os objetos possíveis: uma partícula puntiforme. Esse objeto por sua vez simularia o campo gravitacional de uma estrela esférica quando vista de uma grande distância. Assim seria possível comparar a teoria de Einstein com as observações.

Em êxtase com o artigo de Schwarzschild, Einstein percebeu que aquela solução para suas equações lhe permitiria fazer cálculos mais precisos com sua teoria, como, por exemplo, calcular o desvio da luz nas proximidades do sol ou o estranho movimento do planeta Mercúrio. Em vez de lançar mão de aproximações grosseiras, ele poderia calcular resultados exatos. Esse foi um avanço crucial que se mostraria importante também no entendimento dos buracos negros. (Schwarzschild morreu logo após sua grande descoberta. Entristecido, Einstein escreveu um comovente panegírico para ele.)

Apesar do impacto provocado pela solução de Schwarzschild, ela também levantava algumas questões desconcertantes. Para começar, a solução dele tinha propriedades estranhas que forçavam os limites do nosso entendimento sobre o espaço e o tempo. Ao redor de uma estrela supermassiva existiria uma casca esférica imaginária (que ele chamava de esfera mágica e hoje chamamos de horizonte de eventos). Longe dessa casca esférica, o campo gravitacional funcionaria como o de uma estrela qualquer, newtoniana, e a solução de Schwarzschild poderia ser usada como uma aproximação de sua gravidade. Mas, se desse o azar de se aproximar dessa estrela e atravessar o horizonte de eventos, você estaria preso para sempre e seria esmagado até a morte. O horizonte de eventos é o ponto sem volta: qualquer coisa que caia em seu interior nunca mais consegue retornar.

Mas, à medida que você se aproxima do horizonte de eventos, coisas mais estranhas ainda começam a acontecer. Por exemplo, você vai se deparar com raios de luz que foram capturados há bilhões de anos e que ainda estão orbitando a estrela. A gravidade que puxa seus pés será bem maior do que a gravidade que puxa sua cabeça, então você será esticado como um espaguete. Na verdade, a espaguetificação é tão intensa que até os átomos do seu corpo vão ser puxados e acabar se desintegrando.

Para alguém que estiver observando isso tudo de longe, vai parecer que o tempo dentro do foguete no limiar do horizonte de eventos vai pouco a pouco passando mais lentamente. E, quando a nave finalmente atingir o horizonte de eventos, o observador externo verá o tempo parado. O que é notável é que para os astronautas no foguete tudo parece normal enquanto eles ultrapassam o horizonte de eventos — quer dizer, normal até que eles sejam desintegrados.

Esse conceito é tão bizarro que, por muitas décadas, era considerado ficção científica, um estranho subproduto das equações de Einstein que não existia no mundo real. O astrônomo Arthur Eddington escreveu que "deveria haver uma lei da natureza que impedisse uma estrela de se comportar de forma tão absurda".

A EQUAÇÃO DE DEUS

Einstein até escreveu um artigo dizendo que, sob circunstâncias normais, os buracos negros nunca se formariam. Em 1939, ele mostrou que uma bola de gás girando nunca seria comprimida pela gravidade a ponto de formar um horizonte de eventos.

Ironicamente, naquele mesmo ano, Robert Oppenheimer e seu aluno, Hartland Snyder, mostraram que buracos negros poderiam se formar por processos naturais que Einstein não havia levado em conta. Se você começar com uma estrela gigante com uma massa de dez a cinquenta vezes maior do que a do sol, quando esgotar o seu combustível nuclear ela vai acabar explodindo como uma supernova. Se o remanescente da explosão for uma estrela comprimida pela própria gravidade a um tamanho menor do que seu horizonte de eventos, esse objeto pode colapsar e se transformar em um buraco negro. (Nosso sol não tem massa suficiente para explodir como supernova, e o seu horizonte de eventos tem um diâmetro de cerca de 6,5 km. Não há processo natural conhecido que possa comprimir o sol a uma esfera de raio 3 km, e, portanto, o sol nunca se tornará um buraco negro.)

Os físicos descobriram que há pelo menos dois tipos de buraco negro. O primeiro tipo é o remanescente de uma estrela gigante como acabamos de descrever. O segundo tipo de buraco negro é encontrado no centro das galáxias. Esses buracos negros galácticos podem ser milhões, ou até bilhões, de vezes mais massivos do que o sol. Muitos astrônomos acreditam que há um buraco negro no centro de cada galáxia.

Nas últimas décadas, astrônomos identificaram centenas de possíveis buracos negros através do espaço. No centro da nossa galáxia, a Via Láctea, há um buraco negro monstruoso cuja massa é de dois a quatro milhões de vezes maior do que a massa do sol.

114

O UNIVERSO ESCURO

Ele fica na constelação de Sagitário. (Infelizmente, nuvens de poeira atrapalham a observação, então não conseguimos vê-lo. Mas, se essas nuvens não estivessem ali, todas as noites veríamos um aglomerado de estrelas magnífico e brilhante com o buraco negro no centro, iluminando o céu noturno, talvez mais até do que a própria lua. Seria realmente algo espetacular de se ver.)

A última novidade sobre os buracos negros surgiu quando a teoria quântica foi aplicada à gravidade. Os cálculos desencadearam uma série de fenômenos inesperados que testam os limites da nossa imaginação. E, como veremos, o nosso guia por esse território desconhecido era alguém que não podia se mexer.

Como estudante de pós-graduação na Universidade de Cambridge, Stephen Hawking era um jovem comum, sem muitos objetivos concretos. Ele se formou físico, mas não demonstrava muita paixão. Era óbvio que era brilhante, mas parecia não ter foco. Um dia ele foi diagnosticado com esclerose lateral amiotrófica (ELA) e recebeu o prognóstico de que morreria em dois anos. Ainda que sua mente fosse permanecer intacta, seu corpo rapidamente se deterioraria, perdendo todas as funções e habilidades até que ele morreria. Deprimido e profundamente assustado, ele percebeu que sua vida até então havia sido desperdiçada.

Ele decidiu dedicar os poucos anos que lhe restavam a fazer algo útil. Para ele, isso significava resolver um dos maiores problemas da física: a união da teoria quântica com a gravidade. Por sorte, a sua doença progrediu de forma muito mais lenta do que seus médicos previram, de modo que ele continuou sua pesquisa desbravadora nessa nova área por bastante tempo, mesmo depois de se ver preso a uma cadeira de rodas, ou quando perdeu o controle dos seus membros e até das cordas vocais. Uma vez fui

A EQUAÇÃO DE DEUS

convidado por Hawking para dar uma palestra em uma conferência que ele estava organizando. Tive o prazer de conhecer a sua casa e fiquei surpreso com a quantidade de dispositivos tecnológicos que permitiam que ele continuasse a sua pesquisa. Um equipamento virava páginas. Você colocava uma revista nele, e ele automaticamente ia virando as páginas. Eu fiquei impressionado pela sua resiliência, por sua determinação em não permitir que a doença o impedisse de alcançar seu objetivo de vida.

Naquela época, a maior parte dos físicos teóricos estava trabalhando na teoria quântica, mas um punhado de renegados teimosos estava tentando achar mais soluções para a equação de Einstein. Hawking se fez uma pergunta diferente, porém profunda: o que acontece se juntarmos esses dois sistemas e aplicarmos a mecânica quântica a um buraco negro?

Ele tinha consciência de que o problema de calcular as correções quânticas da gravidade era muito complicado para ser resolvido. Então se deu uma missão mais simples: calcular as correções quânticas somente para os átomos dentro de um buraco negro, ignorando as complexidades inerentes das correções quânticas aos grávitons.

Quanto mais lia sobre buracos negros, mais ele percebia que algo estava errado. Ele começou a suspeitar que o pensamento tradicional — que nada pode escapar de um buraco negro — violava a teoria quântica. Na mecânica quântica, tudo é incerto. Um buraco negro parece ser perfeitamente negro porque absorve absolutamente tudo. Mas o "perfeitamente negro" violava o princípio da incerteza. Até isso deveria ser incerto.

Ele chegou à revolucionária conclusão de que buracos negros devem emitir algum tipo de brilho tênue de radiação quântica.

O UNIVERSO ESCURO

Hawking então demonstrou que a radiação emitida por um buraco negro deveria ser na forma de radiação de corpo negro. Ele calculou isso ao perceber que o vácuo não é apenas vazio, mas está, na verdade, borbulhando com atividades quânticas. Na teoria quântica, até o vazio está em um estado de constante incerteza, onde elétrons e antielétrons podem surgir do nada, colidir uns com os outros e desaparecer de volta no vazio. Então o nada estava, na verdade, pulsando com atividade quântica. Ele percebeu que, se um campo gravitacional fosse intenso o bastante, então pares de elétrons e antielétrons poderiam ser criados a partir do vácuo, o que chamamos de partículas virtuais. Se um dos membros desse par cai no buraco negro, enquanto o outro escapa, isso criaria o que hoje chamamos de radiação de Hawking. A energia usada para criar esse par de partículas vem da energia contida no campo gravitacional do buraco negro. Uma vez que a segunda partícula escapa do buraco negro para sempre, isso significa que a soma total de energia e matéria do buraco negro e de seu campo gravitacional diminuiu.

Isso é chamado de evaporação do buraco negro e descreve o derradeiro fim de todos os buracos negros: eles vão emitir lentamente radiação de Hawking por trilhões de anos, até que tenham exaurido toda a sua energia, e vão morrer em uma explosão violenta.

Até os buracos negros têm prazo de validade.

Trilhões e trilhões de anos no futuro, as estrelas do universo terão exaurido seu combustível nuclear e deixarão de brilhar. Somente os buracos negros sobreviverão nessa era desoladora. Mas até os buracos negros irão eventualmente evaporar, deixando para trás nada além de um mar de partículas subatômicas.

A EQUAÇÃO DE DEUS

Hawking se fez então outra pergunta: o que acontece se você jogar um livro em um buraco negro? A informação contida no livro se perde para sempre?

Segundo a mecânica quântica, a informação nunca é perdida. Mesmo se você queimar um livro, uma análise minuciosa das moléculas do papel queimado permitiria que se reconstruísse o livro por completo.

Mas Hawking cutucou a onça com vara curta ao afirmar que a informação jogada dentro de um buraco negro de fato se perderia para sempre, e que, como consequência, a mecânica quântica não seria válida no interior de um buraco negro.

Como já dissemos, Einstein certa vez afirmou que "Deus não joga dados com o universo" — ou seja, você não pode resumir tudo a probabilidades e incertezas. Hawking acrescentou que, "às vezes, Deus joga os dados onde não conseguimos vê-los", querendo dizer que os dados podem acabar caindo em um buraco negro, onde as leis da mecânica quântica talvez não sejam válidas. As leis da incerteza falham quando você ultrapassa o horizonte de eventos.

Desde então, outros físicos vieram em socorro da mecânica quântica, mostrando que teorias mais modernas, como a teoria das cordas (que discutiremos no próximo capítulo), podem preservar a informação mesmo na presença de buracos negros. No fim, Hawking admitiu que ele poderia estar errado. Mas ele propôs uma solução inovadora. Talvez, ao jogarmos um livro dentro de um buraco negro, a informação não se perca para sempre, como ele pensava; talvez essa informação escape na forma de radiação de Hawking. Codificada na fraca radiação de Hawking estaria toda a informação necessária para recriar

O UNIVERSO ESCURO

o livro original. Então talvez Hawking estivesse errado, mas a solução correta estaria na radiação que ele havia encontrado anteriormente.

Concluindo, a perda ou não de informação em um buraco negro ainda é uma questão em aberto, debatida calorosamente entre os físicos. Mas, em última análise, talvez precisemos esperar até que tenhamos uma teoria quântica final para a gravidade que inclua as correções quânticas do gráviton. Enquanto isso, Hawking se voltou para a próxima questão importante na unificação entre a teoria quântica e a relatividade geral.

ATRAVÉS DO BURACO DE MINHOCA

Se os buracos negros absorvem tudo, então para onde vão todas as coisas?

A resposta mais curta é: não sabemos. Mas a resposta talvez surja quando conseguirmos unificar a teoria quântica com a relatividade geral.

Somente quando tivermos uma teoria quântica da gravidade (e não apenas da matéria) poderemos responder à pergunta: o que se esconde do outro lado de um buraco negro?

Se aceitarmos cegamente a teoria de Einstein, vamos ter problemas, já que ela prevê que a força de gravidade no centro de um buraco negro ou no início do tempo é infinita, o que não faz sentido.

Mas, em 1963, o matemático Roy Kerr encontrou uma solução completamente nova para as equações de Einstein no caso de um buraco negro que gira. Antes disso, no trabalho de Schwarzschild, os buracos negros colapsavam, concentrando toda a massa

A EQUAÇÃO DE DEUS

em um ponto estacionário, chamado de singularidade, onde os campos gravitacionais eram infinitos e tudo era esmagado em um único ponto. Mas, ao analisar as equações de Einstein para um buraco negro que gira, Kerr descobriu que estranhas coisas acontecem.

Primeiramente, o buraco negro não colapsa em um ponto. Ele se transforma em um anel que gira muito rapidamente. (As forças centrífugas nesse anel são fortes o bastante para impedir que ele colapse sob sua própria gravidade.)

Em segundo lugar, se cair dentro do anel, é possível que você não seja esmagado até a morte, mas que passe através do anel. A gravidade dentro do anel é finita.

Em terceiro lugar, a matemática mostra que à medida que passa pelo anel, você pode entrar em um universo paralelo. Você literalmente sai do nosso universo e entra em outro universo. Pense em duas folhas de papel, uma em cima da outra. Fure-as com um canudo. Ao atravessar o canudo, você deixa um universo e vai para outro. Esse canudo é um buraco de minhoca.

Em quarto lugar, quando volta ao anel, você pode ir para um outro universo. É como andar de elevador: você vai passando de um andar para outro, de um universo para outro. Toda vez que entra no buraco de minhoca, você acaba chegando a um universo completamente novo.

Então isso nos apresentou uma imagem completamente nova sobre o que seriam buracos negros. No centro de um buraco negro que gira teríamos algo como o espelho de Alice. De um lado, a tranquila paisagem campestre de Oxford, na Inglaterra. Mas, se você colocasse sua mão através do espelho, acabaria chegando a um lugar completamente diferente.

Em quinto lugar, se for bem-sucedido em atravessar o anel, há a possibilidade de você acabar chegando a um lugar distante do mesmo universo.

Então o buraco de minhoca poderia ser como um metrô, pegando um atalho invisível pelo espaço-tempo. Os cálculos mostram que você poderia andar mais rápido do que a luz, ou até voltar no tempo, talvez sem infringir nenhuma lei física conhecida.

Essas conclusões bizarras, independentemente do quão absurdas pareçam, não podem ser descartadas, uma vez que são soluções para a equação de Einstein e descrevem buracos negros que giram, o que agora acreditamos ser o tipo mais comum de buraco negro.

Os buracos de minhoca foram, na verdade, introduzidos pelo próprio Einstein em 1935, em um artigo escrito com Nathan Rosen.

Eles imaginaram dois buracos negros unidos, parecidos com dois funis no espaço-tempo. Se caísse em um funil, você seria expelido no outro funil sem ser esmagado até a morte.

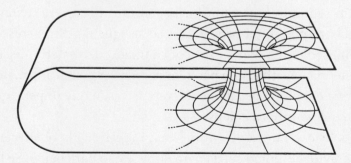

Figura 10. Em princípio, você poderia hipoteticamente alcançar as estrelas, ou até mesmo o passado, atravessando um buraco de minhoca.

Há uma frase famosa no romance *O único e eterno rei*, de T. H. White: "Tudo que não é proibido é compulsório." Os físicos levam essa afirmação muito a sério. Se não houver uma lei física que proíba certo fenômeno, então provavelmente ele acontece em algum lugar do universo.

Por exemplo: ainda que buracos de minhoca sejam incrivelmente difíceis de ser criados, alguns físicos especulam que talvez eles tenham existido no começo dos tempos e se expandiram após o Big Bang. Talvez eles existam naturalmente. Um dia, quem sabe, nossos telescópios talvez encontrem um buraco de minhoca no espaço. Ainda que buracos de minhoca tenham atiçado a imaginação de autores de ficção científica, criar um, de fato, em laboratório introduz problemas formidáveis.

Primeiramente, você precisa concentrar uma quantidade imensa de energia positiva, comparada à de um buraco negro, para abrir um portal através do espaço-tempo. Só isso já requer tecnologia de uma civilização muito avançada. Então não é provável que inventores amadores consigam criar buracos de minhoca no porão de casa tão cedo.

Em segundo lugar, um buraco de minhoca será instável e se fechará por conta própria, a não ser que alguém acrescente um ingrediente novo e exótico, chamado de matéria negativa ou energia negativa, que não tem nada a ver com a antimatéria. Energia e matéria negativas são repulsivas, o que impede que o buraco de minhoca colapse.

Os físicos nunca viram matéria negativa. Ela obedeceria à antigravidade, então cairia para cima, e não para baixo. Se houvesse matéria negativa na Terra há bilhões de anos, ela já teria sido repelida pela gravidade terrestre e teria sido arremessada no espaço. Então não temos esperança de encontrar matéria negativa na Terra.

Energia negativa, ao contrário da matéria negativa, existe de fato, mas somente em quantidades muito pequenas, tão pequenas que não servem para muita coisa. Somente uma civilização muito avançada, talvez milhares de anos mais avançada que a nossa, conseguiria acumular energia, positiva e negativa, suficiente para criar um buraco de minhoca e mantê-lo estável.

Em terceiro lugar, a própria radiação da gravidade (a chamada radiação de grávitons) talvez seja suficiente para explodir um buraco de minhoca.

Em última análise, a resposta final sobre o que aconteceria se você caísse em um buraco negro terá que aguardar a criação de uma teoria de tudo verdadeira, onde tanto a matéria quanto a gravidade estejam quantizadas.

Alguns físicos defendem seriamente a ideia polêmica de que, quando cai em um buraco negro, uma estrela não é esmagada a uma singularidade, mas transportada por um buraco de minhoca, criando um buraco branco. Um buraco branco obedece exatamente às mesmas equações de um buraco negro, mas a seta do tempo aparece invertida, então a matéria é cuspida de um buraco branco. Os físicos têm procurado por buracos brancos pelo espaço, mas até agora não os encontraram. A razão por falarmos de buracos brancos é que talvez o Big Bang tenha sido originalmente um buraco branco, e todas as estrelas e planetas que vemos no céu tenham atravessado um buraco negro — há cerca de 14 bilhões de anos.

A verdade é que apenas uma teoria de tudo pode nos dizer o que existe do outro lado do buraco negro. Somente ao calcularmos as correções quânticas da gravidade poderemos responder às perguntas que surgem junto com os buracos de minhoca.

Mas, se podem nos levar instantaneamente para o outro lado da galáxia, será que os buracos de minhoca podem também nos levar ao passado?

VIAGEM NO TEMPO

Viagens no tempo são um dos pilares da ficção científica desde *A máquina do tempo*, de H. G. Wells. Podemos nos mover à vontade em três dimensões (para a frente, para os lados e para cima), então talvez haja uma maneira de nos movermos pela quarta dimensão, o tempo. Wells imaginou o processo de entrar em uma máquina do tempo, mexer nos controles e ser enviado a centenas de milhares de anos no futuro, para o ano de 802.701 da Era Comum.

Desde então, cientistas já estudaram bastante a possibilidade de viajar no tempo. Quando Einstein inicialmente propôs sua teoria de gravitação em 1915, estava preocupado com que suas equações permitissem uma inversão do fluxo temporal de modo que alguém pudesse ir para o passado, o que, para ele, demonstraria uma falha na sua teoria. Mas esse problema teórico se tornou real em 1949, quando seu vizinho no famoso Instituto para Estudos Avançados de Princeton, o grande matemático Kurt Gödel, descobriu que se o universo girasse, e se você viajasse rápido o bastante nesse universo girante, então chegaria ao passado — isto é, voltaria para o seu lugar de origem antes de ter saído. Einstein se espantou com essa solução pouco ortodoxa. Em suas memórias, ele concluiu que, mesmo que a viagem no tempo fosse possível no universo de Gödel, ela poderia ser descartada "por razões físicas", pois o universo estava em expansão, e não girando.

Ainda que os físicos não estejam convencidos da possibilidade de se viajar no tempo, eles estão tratando do assunto com muita seriedade. Já foi descoberta uma grande quantidade de soluções para as equações de Einstein que permitem a viagem no tempo.

Para Newton, o tempo era como uma flecha. Uma vez disparado, ele avançaria sem titubear e com velocidade uniforme por todo o universo. Um segundo na Terra era equivalente a um segundo em qualquer outro lugar no espaço. Relógios poderiam ser sincronizados em qualquer lugar do universo. Para Einstein, no entanto, o tempo era mais como um rio. Ele poderia acelerar ou ficar mais devagar à medida que passasse por galáxias e estrelas. O tempo podia passar de formas diferentes em lugares diferentes do universo. Essa nova percepção trazia também a possibilidade de o rio temporal ter redemoinhos que o levassem de volta ao passado (os físicos chamam isso de CTC, sigla em inglês para "curvas de tempo fechado"). Ou, talvez, o rio temporal se bifurque em dois caminhos, de modo que a linha do tempo se divida, criando dois universos paralelos.

Hawking era tão fascinado com a ideia da viagem no tempo que lançou um desafio a outros físicos. Ele acreditava que deveria haver alguma lei escondida, ainda desconhecida, à qual ele chamava de "conjectura de proteção cronológica", que proibisse a viagem no tempo de forma definitiva. Por mais que tentasse, porém, ele nunca conseguiu comprovar essa hipótese. Isso significa que viagens no tempo podem ser consistentes com as leis da física, sem nada a impedir a existência de máquinas do tempo.

Além disso, de forma irônica, ele dizia que a viagem no tempo era impossível porque, afinal, "onde estão os turistas do futuro?". Em cada evento histórico deveria haver multidões de turistas com suas câmeras, se acotovelando, tentando tirar uma foto do evento para mostrar para seus amigos do futuro.

Por ora, pense na confusão que você poderia causar se tivesse à sua disposição uma máquina do tempo. Voltando no tempo, você poderia investir no mercado de ações e se tornar um bilionário. Poderia mudar o resultado de eventos passados. A história jamais poderia ser escrita. Historiadores ficariam desempregados.

Viagens no tempo trazem, obviamente, muitos problemas. Há uma série de paradoxos lógicos associados à viagem no tempo, como, por exemplo:

- Tornar o presente impossível. Se você voltasse no tempo e matasse o seu avô quando ele ainda fosse criança, então como você poderia ter nascido?
- Uma máquina do tempo a partir do nada. Alguém do futuro lhe dá o segredo para se construir uma máquina do tempo. Anos depois, você volta ao passado e dá essa receita para um você mais jovem. No entanto, de onde veio a receita?
- Ser sua própria mãe. O escritor de ficção científica Robert Heinlein escreveu sobre se tornar sua própria árvore genealógica. Imagine que uma órfã cresça e mude de sexo, virando um homem trans. Esse homem volta ao passado, se encontra com ela própria (antes da transição de gênero), e eles têm uma filha. Esse homem pega a menina e a leva mais para o passado, deixando-a no orfanato original, criando um ciclo fechado. A menina é sua própria mãe, pai, avó, neta etc.

É possível que a resolução desses paradoxos só aconteça com a chegada de uma teoria de gravitação quântica completa. Por exemplo, pode ser que quando você entre numa máquina do tempo sua linha temporal se divida e você crie um universo quântico paralelo. Digamos que você volte no tempo e salve Abraham Lincoln de ser assassinado no Teatro Ford. Talvez você tenha salvado o Abraham Lincoln, mas de um universo paralelo. Assim, o Abraham Lincoln do seu universo de fato morreu e nada pode mudar isso. Mas o universo se dividiu em dois, e você salvou o presidente Lincoln em um universo paralelo.Portanto, se considerarmos que a linha do tempo pode se dividir em universos paralelos, todos os paradoxos da viagem no tempo estarão resolvidos.

O problema da viagem no tempo só poderá ser solucionado quando calcularmos as correções quânticas do gráviton, que temos ignorado até agora. Os físicos já usaram a teoria quântica nas estrelas e nos buracos de minhoca, mas o segredo é aplicá-la à gravitação propriamente dita, via grávitons, o que pressupõe uma teoria de tudo.

Essa discussão levanta pontos interessantes. Será que a mecânica quântica consegue explicar a natureza do Big Bang? Será que a mecânica quântica aplicada à gravidade consegue responder a uma das perguntas mais importantes da ciência: o que aconteceu antes do Big Bang?

COMO O UNIVERSO FOI CRIADO?

De onde veio o universo? O que fez com que ele começasse? Estas são talvez duas das perguntas mais importantes da teologia e da ciência, motivo de especulações sem fim.

A EQUAÇÃO DE DEUS

Os antigos egípcios acreditavam que o universo havia começado a partir de um ovo flutuando no rio Nilo. Algumas tribos polinésias acreditavam que o universo tivesse surgido de um coco cósmico. Cristãos acreditam que o universo surgiu quando Deus disse "Faça-se a Luz!".

A origem do universo também fascina os físicos, especialmente a partir do momento em que Newton nos deu uma teoria para a gravitação. Mas quando Newton tentou usar sua teoria para explicar o universo à nossa volta, teve problemas.

Em 1692, ele recebeu uma carta perturbadora do clérigo Richard Bentley. Na carta, Bentley pedia a Newton para explicar uma falha escondida, e importante, em sua teoria. Se o universo é finito, e se a gravidade é sempre atrativa, nunca repulsiva, então, com tempo bastante, todas as estrelas do universo serão atraídas umas às outras. Na verdade, dado tempo suficiente, elas todas se juntarão em um único objeto, uma estrela gigantesca. Portanto, um universo finito deveria ser instável e sempre colapsaria. Como isso não acontece, deve haver uma falha na teoria de Newton.

Em seguida, ele argumentava que as leis de Newton previam um universo instável mesmo se fosse infinito. Em um universo infinito, com uma quantidade infinita de estrelas, a soma de todas as forças puxando uma estrela de todos os lados também seria infinita. Essas forças infinitas deveriam acabar despedaçando a estrela, de modo que todas as estrelas se desintegrariam.

Newton ficou perturbado com a carta, porque ele nunca tinha cogitado a aplicação de sua teoria ao universo como um todo. Com o tempo, Newton chegou a uma resposta inteligente, porém incompleta, para os questionamentos de Bentley.

O UNIVERSO ESCURO

Sim, Newton admitia, a gravidade é sempre atrativa e nunca repulsiva, então as estrelas do universo podem ser instáveis. Mas havia um furo nesse argumento. Vamos presumir que o universo seja, na média, completamente uniforme e infinito em todas as direções. Nesse universo estático, todas as forças gravitacionais se cancelam mutuamente e o universo permanece estável. Dada uma estrela qualquer, as forças gravitacionais atuando sobre ela, vindas de todas as direções, têm soma zero e por isso o universo não colapsa.

Ainda que essa fosse uma solução inteligente para o problema, Newton percebeu que ainda havia uma falha em potencial na sua solução. O universo pode ser uniforme na média mas não é perfeitamente uniforme em todos os pontos, então deveria haver pequenas perturbações. Como um castelo de cartas, ele parece estável, mas a menor das falhas pode causar o colapso de toda a estrutura. Newton era inteligente o suficiente para perceber que um universo infinito e uniforme era de fato estável, mas estaria sempre à beira de um colapso. Em outras palavras, o cancelamento das forças infinitas precisaria ser infinitamente preciso, se não o universo colapsaria ou se rasgaria.

Assim, a conclusão de Newton foi de que o universo seria infinito e uniforme na média, mas que vez ou outra Deus teria que ajeitar as estrelas para que o universo não colapsasse por causa da gravidade.

POR QUE O CÉU NOTURNO É ESCURO?

Mas isso levantou outro problema. Se tivéssemos um universo infinito e uniforme, então, para qualquer direção que olhássemos, deveríamos ver uma estrela. E como há um número infinito de estrelas, deveria haver uma quantidade infinita de luz entrando em nossos olhos, vinda de todas as direções.

O céu noturno deveria ser branco, e não preto. Esse é o paradoxo de Olbers.

Algumas das mentes mais brilhantes da história tentaram encarar esse problema.

Kepler, por exemplo, resolveu o paradoxo declarando que o universo era finito e, portanto, não havia paradoxo algum. Outros defenderam que haveria nuvens de poeira no espaço, obscurecendo a luz das estrelas. (Mas isso não explica o paradoxo, porque, dada uma quantidade infinita de tempo, essas nuvens seriam aquecidas o suficiente pela luz e passariam elas próprias a emitir radiação de corpo negro e a brilhar. O universo ficaria branco novamente.)

A resposta final foi dada por Edgar Allan Poe em 1848. Astrônomo amador, ele era fascinado pelo paradoxo de Olbers e disse que o céu noturno é escuro porque, se viajarmos o suficiente rumo ao passado, nós eventualmente chegaremos a um início — isto é, ao nascimento do universo. Em outras palavras, o céu noturno é escuro porque o universo possui uma idade finita. Nós não recebemos luz vinda de um passado infinito, o que faria o céu noturno ficar branco, porque o universo não tem um passado infinito. Isso quer dizer que mesmo os telescópios mais potentes buscando as estrelas mais distantes eventualmente vão atingir a escuridão do próprio Big Bang.

É realmente incrível que apenas com a lógica, sem fazer um único experimento, possamos concluir que o universo deva ter tido um início.

A RELATIVIDADE GERAL E O UNIVERSO

Einstein teve que enfrentar esses paradoxos desafiadores quando formulou a relatividade geral em 1915.

Nos anos 1920, quando Einstein começou a usar sua teoria para explicar o próprio universo, os astrônomos diziam a ele que o universo era estático, não se expandia nem contraía. Mas Einstein encontrou algo perturbador em suas equações. Quando ele tentava resolvê-las, elas lhe diziam que o universo era dinâmico, que estava ou se contraindo ou se expandindo. (Ele não percebeu na época, mas essa era a resposta à pergunta formulada por Richard Bentley. O universo não colapsa sob a própria gravidade porque está se expandindo, superando a tendência ao colapso.)

Para que obtivesse um universo estático, Einstein acrescentou em suas equações um fator arbitrário (a constante cosmológica). Ajustando seu valor na marra, ele conseguia eliminar a expansão ou a contração do universo.

Posteriormente, em 1929, o astrônomo Edwin Hubble, usuário do telescópio gigante do Observatório de Monte Wilson, na Califórnia, fez uma descoberta revolucionária. O universo estava se expandindo afinal, da maneira que as equações de Einstein previram. Ele fez essa descoberta analisando o deslocamento Doppler de galáxias distantes. (Quando uma estrela se afasta de nós, o comprimento de onda de sua luz aumenta, desviando-se na direção do vermelho no espectro. Quando se aproxima de nós, o comprimento de onda de sua luz diminui, tornando-se mais azul. Ao analisar cuidadosamente a luz das galáxias, Hubble descobriu que, na média, elas estavam com desvios para o vermelho, ou seja, estavam se afastando de nós. O universo estava em expansão.)

A EQUAÇÃO DE DEUS

Em 1931, Einstein foi ao Observatório de Monte Wilson e se encontrou com Hubble. Quando Einstein entendeu que sua constante cosmológica era desnecessária, que o universo estava de fato se expandindo, admitiu que aquela constante tinha sido seu "maior erro". (Na verdade, como veremos mais adiante, essa constante ressurgiu em anos recentes, de modo que até os erros de Einstein podem ter dado origem a novas áreas de investigação científica.)

Era também possível usar esse resultado e extrapolá-lo para calcular a idade do universo. Como Hubble conseguia calcular a taxa com que as galáxias estavam se afastando, deveria ser possível "rodar o filme ao contrário" e calcular por quanto tempo essa expansão estava acontecendo. A primeira estimativa para a idade do universo foi de 1,8 bilhão de anos. (O que foi constrangedor, porque já se sabia que a Terra era mais velha do que isso — 4,6 bilhões de anos. Mas hoje, graças às últimas informações colhidas pelo satélite Planck, sabemos que a idade do universo é de 13,8 bilhões de anos.)

O RESPLENDOR QUÂNTICO DO BIG BANG

A revolução seguinte na cosmologia aconteceu quando os físicos começaram a usar a teoria quântica no Big Bang. O físico russo George Gamow se perguntou se, uma vez que o universo começou com uma gigantesca explosão muito quente, o calor original não poderia ser medido atualmente. Se usarmos a teoria quântica para estudar o Big Bang, então a bola de fogo original deve ter sido uma radiação quântica de um corpo negro. Como as propriedades de um corpo negro são bem conhecidas, deveria ser possível calcular a radiação remanescente, ou o eco, do Big Bang.

O UNIVERSO ESCURO

Usando os experimentos primitivos à disposição em 1948, Gamow e seus colegas, Ralph Alpher e Robert Herman, calcularam que a temperatura desse resplendor do Big Bang deveria ser de uns cinco graus acima do zero absoluto. (O número correto é 2,73 K.) Essa é a temperatura do universo depois de ele ter se resfriado por bilhões de anos.

A previsão foi confirmada em 1964 por Arno Penzias e Robert Wilson, usando o radiotelescópio gigante Holmdel para detectar essa radiação residual no espaço. (A princípio, eles acharam que essa radiação de fundo era fruto de um defeito no equipamento. Segundo a lenda, eles perceberam o erro quando, durante uma apresentação deles em Princeton, alguém da plateia disse: "Ou vocês estão captando cocô de pássaro ou a criação do universo." Para colocar isso à prova, eles limparam todo o cocô de pombo que havia se acumulado na antena.)

Hoje, essa radiação cósmica de fundo é talvez a prova mais convincente e persuasiva a favor do Big Bang. Como previsto, fotos recentes da radiação cósmica de fundo, feitas por satélites, mostram uma bola de fogo energética distribuída uniformemente por todo o universo. (Quando você capta estática no seu rádio, parte dela vem do Big Bang.)

Na verdade, essas fotos de satélite são tão precisas hoje que podemos detectar ondulações minúsculas na radiação cósmica de fundo causadas pelo princípio da incerteza da mecânica quântica. No momento da criação, deve ter havido flutuações quânticas causando essas variações. Um Big Bang completamente homogêneo teria violado o princípio da incerteza. Essas ondulações se expandiram com o Big Bang e deram origem às galáxias que vemos ao nosso redor. (Na verdade, se os satélites

A EQUAÇÃO DE DEUS

não tivessem detectado essas ondulações na radiação cósmica de fundo, essa ausência teria acabado com as nossas esperanças de usar a teoria quântica para explicar o universo.)

Isso nos deu uma imagem nova e impressionante da teoria quântica. O simples fato de que existimos na Via Láctea, e que estamos na presença de bilhões de outras galáxias, é prova dessas pequenas flutuações quânticas na época do Big Bang. Tudo que vemos à nossa volta era um pequeno ponto nessa radiação cósmica de fundo bilhões de anos atrás.

O próximo passo na união da teoria quântica com a gravidade foi quando os princípios da teoria quântica e do modelo-padrão foram usados na relatividade geral.

INFLAÇÃO

Levados pelo sucesso do modelo-padrão nos anos 1970, os físicos Alan Guth e Andrei Linde se perguntaram: as lições aprendidas com o modelo-padrão e com a teoria quântica poderiam ser usadas diretamente no Big Bang?

Essa era uma pergunta nova, uma vez que o uso do modelo-padrão na cosmologia nunca tinha sido feito. Guth percebeu que havia dois aspectos curiosos sobre o universo que não podiam ser explicados pelo Big Bang como era concebido na época.

Primeiro, o problema da planicidade. A teoria de Einstein nos diz que o espaço-tempo deve ter uma pequena curvatura. Mas quando se analisa a curvatura do universo, ele parece ser muito mais plano do que o previsto pela teoria de Einstein. Na verdade, o universo parece ser perfeitamente plano dentro do erro experimental.

O UNIVERSO ESCURO

Segundo, ele é muito mais uniforme do que deveria ser. No Big Bang, deveria ter havido irregularidades e imperfeições na bola de fogo original. Em vez disso, o universo parece ser bem uniforme, independentemente da direção que se olhe.

Ambos os paradoxos podem ser resolvidos se usarmos a teoria quântica com um fenômeno que Guth chamou de inflação. Em primeiro lugar, segundo essa ideia, o universo passou por uma expansão turbinada, muito mais rápida do que originalmente postulada para o Big Bang. Essa expansão fantástica basicamente aplainou o universo e eliminou qualquer curvatura que o universo originalmente tenha tido.

Em segundo lugar, o universo originalmente poderia ter sido irregular, mas um pequeno pedaço daquele universo original era uniforme e se expandiu para um tamanho enorme. Isso, portanto, explicaria por que o universo é tão uniforme hoje, porque nós somos derivados de um pequeno pedaço uniforme de uma bola de fogo muito maior que nos deu o Big Bang.

As consequências da inflação são maiores do que isso. Por exemplo: o universo visível que temos à nossa volta é, na verdade, um pedaço infinitesimal de um universo muito maior, um universo que jamais veremos porque está muito distante.

Mas o que causou a inflação? O que a provocou? Por que o universo se expandiu no começo? Guth então se inspirou no modelo-padrão. Na teoria quântica, você começa com uma simetria e depois a quebra com o bóson de Higgs para obter o universo que vemos ao nosso redor. Da mesma forma, Guth teorizou que talvez um novo tipo de bóson de Higgs (chamado de ínflaton) causou a inflação. Do mesmo modo que com o bóson de Higgs original, o universo teria começado em um falso vácuo que nos dera a era da inflação rápida. Mas então as bolhas quânticas começaram a surgir no campo inflacionário. Dentro das bolhas, o vácuo verdadeiro emergiu e a inflação cessou. Nosso universo veio de uma dessas bolhas. O universo deu uma freada dentro dessa bolha, resultando na taxa de expansão atual.

Até agora, a inflação parece consistente com os dados observados. É a teoria mais aceita. Mas ela tem consequências inesperadas. Se usarmos a teoria quântica, isso significa que o Big Bang pode acontecer várias vezes. Novos universos podem estar nascendo dentro de nosso universo a todo instante.

Isso significa que o nosso universo é na verdade uma única bolha dentro de uma banheira de espuma de universos. Isso cria um multiverso de universos paralelos. E ainda deixa em aberto a pergunta: o que provocou a inflação para começo de conversa? Isso, como veremos no próximo capítulo, precisa de uma teoria mais avançada ainda, uma teoria de tudo.

UNIVERSO FUGITIVO

A relatividade geral nos dá não somente uma visão inédita de como foi o início do universo, mas também nos mostra como será o seu final. Religiões antigas, claro, já nos deram descrições bastante fortes do fim dos tempos. Os antigos vikings acreditavam que o mundo acabaria no Ragnarok, o Crepúsculo dos Deuses, onde uma nevasca gigantesca engoliria todo o planeta, e os deuses travariam a batalha final contra seus inimigos celestiais. Para os cristãos, o Livro das Revelações prevê desastres, cataclismos e a chegada dos Quatro Cavaleiros do Apocalipse, anunciando o Segundo Advento.

Mas, para um físico, há tradicionalmente duas maneiras através das quais tudo acabará. Se a densidade do universo foi pequena, então não haverá gravidade suficiente para reverter a expansão cósmica e o universo vai se expandir para sempre, lentamente, morrendo em um Big Freeze. As estrelas vão acabar usando todo o seu combustível nuclear, o céu ficará escuro e até os buracos negros vão evaporar. O universo terminará sem vida, um mar congelado de partículas subatômicas espalhadas a esmo.

Se o universo tiver densidade suficiente, então a gravidade das estrelas e das galáxias pode ser suficiente para reverter a expansão cósmica. As estrelas e as galáxias vão então colapsar em um Big Crunch, onde as temperaturas vão subir e acabar com toda a vida no universo. (Alguns físicos até já conjecturaram que o universo pode colapsar até certo ponto e dali reiniciar o ciclo em um novo Big Bang, produzindo um universo oscilante.)

Mas, em 1998, os astrônomos fizeram uma descoberta inacreditável que derrubou muitas de nossas crenças sobre o futuro do universo e nos obrigou a revisar muitos dos nossos livros. Ao analisar supernovas distantes por todo o universo, eles descobriram que o universo não está freando em sua expansão, como se pensava antes, mas sim acelerando. Na verdade, estamos entrando em um "modo fugitivo".

Os dois cenários anteriores tiveram que ser revistos, e uma nova teoria surgiu. Talvez o universo morra em um evento chamado de Big Rip, com a velocidade de expansão do universo crescendo de forma inconcebível. O universo vai se expandir tão velozmente que o céu noturno ficará completamente escuro (porque a luz das estrelas vizinhas não vai conseguir chegar até nós) e tudo vai se aproximar do zero absoluto de temperatura.

Nessa temperatura, não pode existir vida. Até as moléculas do espaço sideral perdem energia.

O que pode estar impulsionando essa expansão acelerada é algo que Einstein jogou fora na década de 1920, a constante cosmológica, a energia do vácuo, agora batizada de energia escura.

Surpreendentemente, a quantidade de energia escura no universo é enorme.

Mais de 68,3% de toda matéria e energia do universo se apresenta nessa forma.

(Juntas, a energia escura e a matéria escura formam a maior parte da matéria e da energia do universo, mas elas são coisas distintas e não devem ser confundidas entre si.)

Ironicamente, isso não pode ser explicado por nenhuma teoria existente. Se tentarmos calcular na força bruta a quantidade de energia escura no universo (usando os pressupostos da relatividade e da teoria quântica), chegaremos a um valor que é 10^{120} maior do que o valor real! (O número 1 seguido por 120 zeros.)

Essa é a maior incompatibilidade na história da ciência. O que está em jogo não poderia ser mais importante: o destino final do universo está pendurado na balança.

Isso pode nos dizer como o próprio universo vai morrer.

PROCURADO: O GRÁVITON

Apesar de a pesquisa em relatividade geral ter ficado estagnada por décadas, a recente tentativa de usar o quantum na relatividade abriu novas e inesperadas possibilidades, especialmente à medida que novos equipamentos começam a funcionar. Houve um boom de novas pesquisas.

Mas, até o momento, só discutimos a aplicação da mecânica quântica à matéria que se move em campos gravitacionais descritos pela teoria de Einstein. Ainda não falamos de algo muito mais complicado: o uso da mecânica quântica para explicar a gravidade em si, na forma de grávitons.

E é aqui que esbarramos no maior desafio de todos: encontrar uma teoria quântica da gravitação, o que já frustrou os maiores físicos do mundo por décadas. Então vamos recapitular o que já aprendemos até agora. Sabemos que, quando usamos a teoria quântica na luz, nós chegamos ao fóton, uma partícula de luz. À medida que esse fóton se move, ele fica cercado por campos elétricos e magnéticos que oscilam e ocupam o espaço, e que obedecem às equações de Maxwell. É por isso que a luz possui propriedades tanto de partícula quanto de onda. O poder das equações de Maxwell vem das suas simetrias — ou seja, da possibilidade de permutarmos o campo elétrico com o campo magnético e vice-versa.

Quando o fóton encontra um elétron, a equação que descreve essa interação nos dá um resultado infinito. Porém, se usamos o conjunto de truques projetados por Feynman, Schwinger, Tomonaga e muitos outros, conseguimos esconder todos esses infinitos. A teoria resultante é chamada de QED. Em seguida, usamos esse método nas forças nucleares. Substituímos o campo de Maxwell original pelo campo de Yang-Mills e trocamos o elétron por uma série de quarks, neutrinos etc. Depois usamos uma série de novos truques projetados por 't Hooft e seus colegas para eliminar todos os infinitos mais uma vez.

Assim, três das quatro forças do universo puderam ser unificadas em uma única teoria, o modelo-padrão. A teoria resul-

A EQUAÇÃO DE DEUS

tante não é muito bonita, uma vez que foi construída como um amálgama das simetrias das forças forte, fraca e eletromagnética, mas ela funciona. Porém, quando usamos esse método testado e aprovado com a gravidade, temos problemas.

Em teoria, a partícula da gravidade se chama gráviton. Assim como o fóton, é uma partícula puntiforme que, ao se mover na velocidade da luz, fica envolta em ondas de gravidade que obedecem às equações de Einstein.

Até aí, tudo bem. O problema aparece quando o gráviton esbarra em outros grávitons ou em algum átomo. As colisões nos dão resultados infinitos. Quando se tenta usar todo o arsenal de truques dolorosamente criados ao longo dos últimos setenta anos, vemos que nada funciona. As maiores mentes do século tentaram resolver esse problema, mas ninguém conseguiu.

Uma abordagem completamente nova precisa ser usada, uma vez que todas as ideias simples já foram testadas e descartadas. Precisamos de algo realmente novo e original. E isso nos leva à, talvez, mais controversa teoria da física, a teoria das cordas, que talvez seja maluca o suficiente para ser a teoria de tudo.

6

O SURGIMENTO DA TEORIA DAS CORDAS: PROMESSAS E PROBLEMAS

Já vimos anteriormente que por volta de 1900 havia dois grandes pilares na física: a lei de Newton para a gravitação e as equações de Maxwell para a luz. Einstein percebeu que esses dois grandes pilares estavam em conflito um com o outro. Um deles precisava ser derrubado. A queda da mecânica newtoniana deu origem às grandes revoluções científicas do século XX.

Atualmente, a história pode estar se repetindo. Uma vez mais temos dois grandes pilares na física. De um lado, temos a teoria das coisas muito grandes, a teoria de Einstein para a gravitação, que nos dá os buracos negros, o Big Bang e o universo em expansão. Do outro lado, temos a teoria das coisas muito pequenas, a teoria quântica, que explica o comportamento das partículas subatômicas. O problema é que essas teorias estão em conflito.

Elas se baseiam em dois princípios diferentes, em duas matemáticas diferentes, em duas filosofias diferentes.

A próxima grande revolução, assim esperamos, será unificar esses dois pilares.

TEORIA DAS CORDAS

Tudo começou em 1968, quando dois jovens físicos, Gabriele Veneziano e Mahiko Suzuki, folheavam livros de matemática e se depararam com uma fórmula estranha descrita por Leonhard Euler no século XVIII. Essa fórmula estranha parecia descrever o espalhamento de duas partículas subatômicas! Mas como podia uma fórmula abstrata do século XVIII descrever os resultados recentes dos aceleradores de partículas? Não era assim que a física deveria funcionar.

Posteriormente, físicos (incluindo Yoichiro Nambu, Holger Nielsen e Leonard Susskind) perceberam que as propriedades dessa fórmula representavam a interação entre duas cordas. Rapidamente essa fórmula foi generalizada na forma de um conjunto de equações, representando o espalhamento de múltiplas cordas. (Isso foi, na verdade, a minha tese de doutorado: o cálculo do conjunto completo de interações de uma quantidade arbitrária de cordas.)

Assim, os pesquisadores conseguiram introduzir as partículas com *spin* na teoria das cordas.

A teoria das cordas era como um poço de petróleo, subitamente jorrando novas equações.

(Pessoalmente, eu não fiquei satisfeito com isso porque, desde Faraday, a física tem sido representada por campos que descre-

O SURGIMENTO DA TEORIA DAS CORDAS: PROMESSAS E PROBLEMAS

viam de forma concisa uma grande quantidade de informação. A teoria das cordas, por contraste, era um conjunto de equações independentes. Meu colega Keiji Kikkawa e eu conseguimos, naquela época, escrever toda a teoria das cordas na linguagem dos campos, criando o que hoje é chamado de teoria de campos das cordas. Toda a teoria das cordas pode ser resumida por nossas equações em uma equação de teoria de campo que tem poucos centímetros de comprimento.)

Como um resultado da enxurrada de equações, um novo cenário começava a emergir.

Por que havia tantas partículas?

Como Pitágoras, há mais de dois mil anos, a teoria dizia que cada nota musical — cada vibração da corda — representava uma partícula.

Elétrons, quarks e partículas de Yang-Mills eram diferentes notas de uma mesma corda que vibrava.

O que é mais poderoso e interessante nessa teoria é que a gravitação está obrigatoriamente incluída nela. Sem fazer qualquer pressuposto adicional, o gráviton surge como um dos modos de vibração mais baixos na corda. Na verdade, mesmo se Einstein nunca tivesse nascido, toda a sua teoria da gravitação poderia ter sido descoberta somente estudando o modo mais baixo de vibração da corda.

Como o físico Edward Witten disse, "a teoria das cordas é extremamente atraente porque ela nos obriga a lidar com a gravidade. Todas as teorias de cordas consistentes e conhecidas incluem a gravidade, de modo que, enquanto a gravidade se mostra impossível na teoria quântica de campos como a conhecemos, ela é obrigatória na teoria das cordas."

A EQUAÇÃO DE DEUS

DEZ DIMENSÕES

Mas à medida que a teoria foi se desenvolvendo, mais e mais aspectos fantásticos, e completamente inesperados, foram sendo revelados. Por exemplo, percebeu-se que a teoria só funcionava em dez dimensões!

Isso chocou os físicos, porque nunca ninguém tinha visto nada parecido com isso. Normalmente, qualquer teoria pode ser escrita em quantas dimensões se queira. Nós simplesmente descartamos essas outras dimensões porque obviamente vivemos em um mundo tridimensional. (Podemos nos mover para a frente ou para trás, para os lados e para cima ou para baixo. Se acrescentarmos o tempo, então teremos quatro dimensões no universo necessárias para localizarmos algum evento. Se quisermos nos encontrar com alguém em Manhattan, por exemplo, podemos dizer algo do tipo: "Me encontre na esquina da Quinta Avenida com a rua 42, no décimo andar, ao meio-dia." Entretanto, navegar por dimensões além dessas quatro é impossível para nós, não importa o que façamos. Na verdade, nosso cérebro não consegue nem visualizar como seriam essas dimensões superiores. Por isso que toda a pesquisa em teoria das cordas e suas muitas dimensões é feita exclusivamente usando matemática pura.)

Mas na teoria das cordas a dimensionalidade do espaço-tempo é fixada em dez dimensões. A teoria não funciona matematicamente em outros cenários dimensionais.

Eu ainda me lembro do choque que os físicos sentiram quando a teoria das cordas postulou que vivemos em um universo de dez dimensões. A maioria dos físicos viu nisso uma evidência de que a teoria estava errada. Certa vez, quando John Schwarz, um dos fundadores da teoria das cordas, estava em um elevador no Caltech, Richard Feynman o cutucou e disse: "Bem, John, em quantas dimensões você está hoje?"

Ainda assim, ao longo dos anos, os físicos foram mostrando que todas as outras teorias rivais tinham falhas letais. Por exemplo, muitas podiam ser descartadas porque suas correções quânticas eram infinitas ou anômalas (isto é, matematicamente inconsistentes).

Então, ao longo do tempo, os físicos começaram a se acostumar com a ideia de que talvez o nosso universo tenha mesmo dez dimensões. Finalmente, em 1984, John Schwarz e Michael Green mostraram que a teoria das cordas não apresentava nenhum dos problemas que suas predecessoras tinham em relação à unificação dos campos.

Se a teoria das cordas estiver correta, então o universo originalmente tinha dez dimensões. Mas o universo era instável, e seis dessas dimensões, de algum modo, se compactaram e ficaram muito pequenas para serem percebidas. De modo que o nosso universo pode mesmo ter dez dimensões, mas nossos átomos são muito grandes para perceber essas minúsculas dimensões superiores.

O GRÁVITON

Apesar de toda a maluquice da teoria das cordas, uma coisa que a tem mantido viva é que ela consegue juntar com sucesso as duas grandes teorias da física, a relatividade geral e a mecânica quântica, nos entregando uma teoria finita de gravidade quântica. É isso que nos deixa empolgados.

A EQUAÇÃO DE DEUS

Mais cedo, falamos que, se adicionar correções quânticas à QED, ou à partícula de Yang-Mills, você acaba com uma enxurrada de infinitos que precisam ser cuidadosamente removidos.

Mas tudo isso falha quando você tenta forçar um casamento entre as duas grandes teorias da natureza — a relatividade e a teoria quântica. Quando aplicamos o princípio quântico à gravidade, precisamos quebrá-la em pedacinhos, pacotes de energia gravitacional, ou quanta, chamados de gráviton. Então calculamos a colisão desses grávitons com outros grávitons e com a matéria, como, por exemplo, o elétron. Mas, quando fazemos isso, nenhum dos truques inventados por Feynman e 't Hooft funciona! As correções quânticas causadas pela interação de grávitons com outros grávitons são infinitas e resistem a todos os métodos já utilizados pelas gerações pregressas de físicos.

É aqui que a próxima mágica acontece. A teoria das cordas consegue remover esses infinitos constrangedores que têm driblado os físicos e resistido por quase um século. E mais uma vez essa mágica acontece por conta da simetria.

SUPERSIMETRIA

Historicamente, sempre foi considerado um ponto positivo quando as suas equações são simétricas, mas nunca foi algo estritamente necessário. Na teoria quântica, porém, a simetria se revela a característica mais importante na física.

Como já mostramos, quando calculamos as correções quânticas de uma teoria, elas normalmente são divergentes (vão para o infinito) ou anômalas (violam a simetria original da teoria em questão). Os físicos perceberam, apenas há algumas décadas, que

146

a simetria não é algo apenas agradável de se ter em uma teoria; ela é, na verdade, o ingrediente principal. *Forçar uma teoria a ser simétrica frequentemente faz com que as divergências e anomalias desapareçam.* A simetria é a espada que os físicos usam para matar os dragões das correções quânticas.

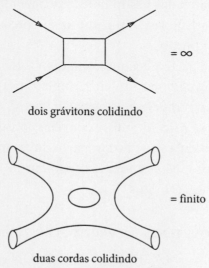

Figura 11. Quando calculamos a colisão de dois grávitons (no alto), a resposta é infinita e, portanto, sem sentido. Mas, quando duas cordas se chocam (embaixo), temos dois termos, um dos bósons e um dos férmions. Na teoria das cordas, esses dois termos se cancelam de forma exata, permitindo a criação de uma teoria finita de gravitação quântica.

Já foi dito anteriormente que Dirac percebeu que a sua equação para o elétron previa que ele tivesse *spin* (que é uma propriedade matemática das equações que se assemelha ao movimento de giro que conhecemos). Em seguida, os físicos descobriram que todas as partículas subatômicas tinham *spin*. Mas existem dois tipos de *spin*.

A EQUAÇÃO DE DEUS

Em unidades quânticas bastante específicas, o *spin* pode ser inteiro (tipo 0, 1 ou 2) ou semi-inteiro (tipo ½, ³⁄₂). As partículas que têm *spin* inteiro descrevem as forças do universo. Isso inclui os fótons e a partícula de Yang-Mills (com *spin* 1), e a partícula da gravidade, o gráviton (com *spin* 2). Essas partículas são os bósons (batizadas assim em homenagem ao físico indiano Satyendra Nath Bose). Em resumo: as forças da natureza são mediadas por bósons.

E temos as partículas que compõem toda a matéria do universo. Elas têm *spin* semi-inteiro, como os elétrons, os neutrinos e os quarks (com *spin* ½). Essas partículas são os férmions (uma homenagem a Enrico Fermi), e com elas conseguimos construir as outras partículas que fazem parte do átomo: prótons e nêutrons. Portanto, os átomos do nosso corpo são formados por uma coleção de férmions.

DOIS TIPOS DE PARTÍCULAS SUBATÔMICAS

FÉRMIONS (MATÉRIA)	BÓSONS (FORÇAS)
elétron, quark, neutrino, próton	fóton, gráviton, Yang-Mills

Bunji Sakita e Jean-Loup Gervais mostraram em seguida que a teoria das cordas continha um novo tipo de simetria, chamada de supersimetria. Desde então, a supersimetria foi expandida de modo que ela é hoje a maior simetria já descoberta pela física. Como já enfatizamos, beleza, para um físico, é simetria, que nos permite encontrar uma ligação entre diferentes partículas. Todas as partículas do universo podem ser unificadas pela supersimetria.

O SURGIMENTO DA TEORIA DAS CORDAS: PROMESSAS E PROBLEMAS

Como já ressaltamos, uma simetria rearruma os componentes de um objeto sem mudar o objeto em si. Aqui, estamos rearrumando as partículas em nossas equações de modo que férmions possam ser trocados por bósons e vice-versa.

Isso se torna a característica principal da teoria das cordas: o fato de que todas as partículas do universo podem ser substituídas umas pelas outras.

Isso significa que cada partícula tem uma superparceira, chamada de spartícula, ou superpartícula. Por exemplo, o superparceiro do elétron se chama selétron. O superparceiro do quark é o squark. O superparceiro do lépton (como o elétron ou o neutrino) é o slépton.

Mas na teoria das cordas algo incrível acontece. Quando calculamos as correções quânticas na teoria das cordas, temos sempre duas contribuições separadas. Temos as correções quânticas vindas dos férmions e as correções quânticas vindas dos bósons. Milagrosamente, elas se equivalem em valor mas têm sinal trocado. Um termo tem sinal positivo, mas o outro tem sinal negativo. De modo que, quando juntamos tudo, *esses termos se cancelam e nos deixam com um resultado finito*.

O casamento entre a relatividade e a teoria quântica driblou os físicos por quase um século, mas a simetria entre bósons e férmions, chamada de supersimetria, permite que muitos dos infinitos se cancelem.

E logo depois os físicos descobriram outros meios de eliminar os infinitos restantes e obter um resultado finito. E é por isso que existe essa animação toda em relação à teoria das cordas: ela consegue unificar a gravitação com a teoria quântica. Nenhuma outra teoria conseguiu isso até hoje. Isso pode satisfazer também a objeção original de Dirac. Ele odiava a teoria da renormalização porque, apesar de seu incrível e inegável sucesso, ela se baseava na soma e na subtração de quantidades que eram infinitas. Aqui vemos que a teoria das cordas é finita por si só, sem a necessidade de uma renormalização.

E isso pode também satisfazer a vontade original de Einstein. Ele comparava a sua teoria da gravidade com o mármore, que é suave, liso, elegante. A matéria, em contrapartida, era mais como madeira. O tronco de uma árvore é espesso, irregular, caótico, sem um padrão geométrico regular. Seu objetivo era criar uma teoria unificada que juntasse o mármore à madeira de uma forma única — *criar uma teoria completa feita de mármore*. Esse era o sonho de Einstein.

A teoria das cordas pode atingir isso. A supersimetria é uma simetria que transforma mármore em madeira e vice-versa. Eles se tornaram dois lados de uma mesma moeda. Nesse contexto, o mármore é representado pelos bósons e a madeira, pelos férmions. Ainda que não haja nenhuma evidência experimental da supersimetria na natureza, ela é tão elegante e bela que conquistou a imaginação da comunidade científica.

Como Steven Weinberg já disse um dia, "ainda que as simetrias estejam ocultas para nós, temos um sentimento de que elas são latentes na natureza, regendo tudo que nos diz respeito. Essa é a ideia mais fantástica que eu conheço: de que a natureza é muito mais simples do que parece. Nada me dá mais esperança de que nossa geração possa de fato estar de posse da chave para o universo — que talvez durante a nossa vida consigamos explicar por que tudo o que vemos nesse imenso universo de galáxias e partículas é logicamente inevitável".

Resumindo, sabemos agora que a simetria pode ser a chave para unificar todas as leis do universo graças a algumas conquistas notáveis:

- A simetria cria ordem a partir da desordem. Do caos dos elementos químicos e das partículas subatômicas, a tabela periódica de Mendeleyev e o modelo-padrão conseguem arrumá-los de forma organizada e simétrica.
- A simetria ajuda a preencher lacunas. A simetria nos permite isolar as lacunas nessas teorias e dessa forma prever a existência de novos tipos de elementos e de partículas subatômicas.
- A simetria unifica objetos aparentemente independentes de forma totalmente inesperada. A simetria encontra ligações entre o espaço e o tempo, a matéria e a energia, a eletricidade e o magnetismo, os férmions e os bósons.
- A simetria nos revela fenômenos inesperados. A simetria previu a existência de fenômenos como a antimatéria, o *spin* e os quarks.
- A simetria elimina consequências indesejadas que podem destruir uma teoria. As correções quânticas geralmente têm divergências e anomalias catastróficas que podem ser eliminadas pela simetria.
- A simetria altera a teoria clássica original. As correções quânticas da teoria das cordas são tão rigorosas que elas alteram a teoria original, fixando a dimensionalidade do espaço-tempo.

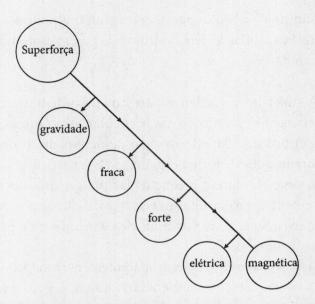

Figura 12. No começo do tempo, acreditamos que existia uma única superforça cuja simetria englobava todas as partículas do universo. Mas ela era instável, e a simetria começou a ser quebrada. A primeira força a se separar foi a gravidade. Depois as forças forte e fraca, ficando somente a força eletromagnética. Assim, o universo atual parece quebrado, com todas as suas forças fundamentais bem diferentes entre si. A missão do físico é juntar esses pedaços e reconstruir a força única original.

A teoria das supercordas se aproveita de todos esses recursos. Sua simetria é a supersimetria (a simetria que permite trocar bósons por férmions e vice-versa), que, por sua vez, é a maior simetria já encontrada pela física, capaz de unificar todas as partículas do universo.

TEORIA-M

Ainda nos falta dar o último passo na teoria das cordas, encontrar os seus princípios físicos fundamentais — isto é, ainda

O SURGIMENTO DA TEORIA DAS CORDAS: PROMESSAS E PROBLEMAS

não entendemos como obter toda a teoria a partir de uma única equação. Uma onda de choque ocorreu em 1995, quando a teoria das cordas sofreu mais uma metamorfose e uma nova teoria surgiu, a teoria-M. O problema com a teoria das cordas original é que ela nos dava cinco versões diferentes da gravidade quântica, todas elas finitas e bem definidas. Essas cinco teorias eram muito parecidas, mas seus *spins* eram organizados de forma um pouco diferente. As pessoas começaram a perguntar: por que deveria haver cinco? A maioria dos físicos achava que o universo deveria ser único.

O físico Edward Witten descobriu que havia uma teoria de onze dimensões escondida, a chamada teoria-M, baseada em membranas (como a superfície das esferas e das rosquinhas), e não somente em cordas. Ele conseguiu explicar que havia cinco diferentes versões da teoria das cordas porque havia cinco maneiras diferentes de se colapsar uma membrana de onze dimensões em uma corda de dez.

Em outras palavras, todas as cinco versões da teoria das cordas eram representações matemáticas diferentes de uma mesma teoria-M. (Assim, a teoria das cordas e a teoria-M são, na verdade, a mesma teoria, e a teoria das cordas é uma redução dimensional da teoria-M, de onze dimensões para dez.) Mas como pode uma única teoria de onze dimensões dar origem a cinco teorias de dez dimensões?

Por exemplo, pense em um balão de encher. Se começarmos a tirar o ar de dentro dele, o balão colapsa e acaba ficando mais parecido com uma salsicha. Se tirarmos mais ar ainda, a salsicha se transforma em uma corda. Uma corda pode ser uma membrana disfarçada, "sem ar".

Se começarmos com um balão de onze dimensões, podemos demonstrar matematicamente que existem cinco maneiras diferentes de ele colapsar, dando origem a cinco diferentes cordas de dez dimensões.

Ou pense na história dos cegos que se depararam com um elefante pela primeira vez. Um deles, tocando a orelha do elefante, diz que o animal é achatado e bidimensional como um leque. Um outro cego toca a cauda do elefante e afirma que o bicho é como uma corda, com uma dimensão. Um terceiro toca a perna do animal e diz que o elefante é como um cilindro tridimensional. Mas, na verdade, se olharmos o elefante como um todo, em suas três dimensões, o veremos como ele é. Do mesmo modo, as cinco diferentes versões da teoria das cordas são como a orelha, o rabo e a perna do elefante, e nós ainda precisamos entender o elefante como um todo, que é a teoria-M.

UNIVERSO HOLOGRÁFICO

Como já mencionamos, novas camadas da teoria das cordas foram sendo reveladas com o tempo. Logo depois que a teoria-M foi proposta, em 1995, outra descoberta fantástica foi feita por Juan Maldacena, em 1997.

Ele abalou a comunidade da física mostrando o que outrora fora considerado impossível: que uma teoria supersimétrica de Yang-Mills, que descreve o comportamento das partículas subatômicas em quatro dimensões, era dual, ou matematicamente equivalente, a uma certa teoria de cordas em dez dimensões. Isso jogou a física para um estado de frenesi. Em 2015, havia cerca de dez mil artigos que faziam referência ao artigo original de

Maldacena, tornando-o sem sombra de dúvidas o artigo mais influente da física de altas energias. (Simetria e dualidade estão relacionadas, mas não são a mesma coisa. A simetria surge quando você consegue intercambiar os componentes de uma equação e a equação não muda de forma. Dualidade surge quando você consegue mostrar que duas teorias completamente diferentes são matematicamente equivalentes. É incrível que a teoria das cordas possua essas duas características altamente não triviais.)

Como vimos, as equações de Maxwell possuem uma dualidade entre campos elétricos e magnéticos — ou seja, as equações permanecem as mesmas se trocarmos os dois campos, transformando campos elétricos em magnéticos e vice-versa. (Podemos ver isso matematicamente porque as equações eletromagnéticas geralmente contêm termos do tipo $E^2 + B^2$, que permanecem inalterados quando fazemos uma troca entre os campos, como no teorema de Pitágoras). Da mesma forma, existem cinco versões diferentes da teoria das cordas em dez dimensões, que se mostram duais entre si, então são na verdade a mesma teoria-M de onze dimensões disfarçada. Incrivelmente, a dualidade nos mostra que duas teorias distintas são aspectos de uma mesma teoria.

Maldacena nos mostrou, entretanto, que havia uma outra dualidade, dessa vez entre as cordas em dez dimensões e a teoria de Yang-Mills em quatro dimensões. Isso foi uma descoberta totalmente inesperada e que tinha consequências profundas. Significava que havia conexões relevantes e inesperadas entre a força da gravidade e a força nuclear definidas em dimensões totalmente diferentes.

Geralmente, as dualidades são observadas em cordas com a mesma dimensionalidade. Ao rearrumarmos os termos que des-

A EQUAÇÃO DE DEUS

crevem cada uma dessas cordas, por exemplo, podemos mostrar que, frequentemente, uma certa versão da teoria é equivalente à outra. Isso cria uma teia de dualidades entre as diferentes teorias de cordas, todas definidas com o mesmo número de dimensões. Mas uma dualidade entre objetos definidos em dimensões diferentes nunca havia sido observada.

E isso não é só uma questão acadêmica, porque traz implicações profundas ao nosso entendimento sobre a força nuclear. Por exemplo, já vimos como uma teoria de calibre, representada por um campo de Yang-Mills, nos dá a melhor descrição da força nuclear, mas ninguém jamais conseguiu obter uma solução exata para o campo de Yang-Mills. Mas, agora que uma teoria de calibre em quatro dimensões podia ser dual a uma teoria de cordas em dez dimensões, talvez a gravidade quântica fosse o segredo para entendermos a força nuclear. Isso foi uma revelação fantástica, porque significava que os resultados básicos da força nuclear (como, por exemplo, o cálculo da massa do próton) poderiam ser mais bem descritos pela teoria das cordas.

Isso trouxe uma certa crise de identidade entre os físicos. Aqueles que trabalhavam exclusivamente com a força nuclear estudavam objetos tridimensionais, como prótons e nêutrons, e muitas vezes caçoavam dos físicos que ficavam teorizando a existência de dimensões superiores. Mas, com a nova dualidade entre a gravidade e a teoria de calibre, de repente esses físicos se viram precisando aprender tudo sobre cordas em dez dimensões, pois elas talvez contivessem o segredo para o bom entendimento da força nuclear em quatro dimensões.

Outro progresso inesperado dessa dualidade bizarra foi o princípio holográfico. Hologramas são folhas plásticas de duas dimensões que contêm imagens de objetos tridimensionais devidamente codificadas. Quando iluminamos essas folhas achatadas com um laser, a imagem tridimensional surge. Em outras palavras, toda a informação necessária para se criar uma imagem tridimensional foi codificada em uma tela bidimensional através de lasers, como a imagem da Princesa Leia projetada pelo R2-D2 ou pela Mansão Assombrada na Disneylândia, onde fantasmas tridimensionais voam à nossa volta.

Esse princípio também funciona para os buracos negros. Como já vimos anteriormente, se jogarmos uma enciclopédia em um buraco negro, a informação contida nela não desaparecerá, em concordância com a mecânica quântica. Então para onde vai a informação? Uma teoria defende que ela se espalha pela superfície do horizonte de eventos do buraco negro. Assim, a superfície bidimensional de um buraco negro contém toda a informação sobre todos os objetos tridimensionais que já caíram nele.

Isso traz também consequências para a nossa concepção de realidade. Estamos convencidos, é claro, de que somos objetos tridimensionais que podem se mover pelo espaço, definidos por três medidas: comprimento, largura e altura. Mas talvez isso seja uma ilusão. Talvez estejamos vivendo em um holograma.

Talvez o mundo tridimensional que vivenciamos seja só uma sombra do mundo real, que, na verdade, tem dez ou onze dimensões. Quando nos movemos pelo espaço tridimensional, nosso eu verdadeiro pode estar se movendo por dez ou onze dimensões. Quando andamos pela rua, nossa sombra se move conosco e nos segue, só que ela existe em duas dimensões apenas. Talvez sejamos sombras tridimensionais nos movendo pelo espaço, mas nosso eu verdadeiro esteja se movendo por dez ou onze dimensões.

Resumindo, vemos que, com o tempo, a teoria das cordas nos revela novos resultados totalmente inesperados. Isso significa que ainda não entendemos os princípios básicos e fundamentais por trás dela. Talvez vejamos que a teoria das cordas não seja de fato uma teoria sobre cordas, já que todas as cordas podem ser descritas com membranas em onze dimensões.

Por isso é prematuro testar a teoria das cordas através de experimentos. Quando tivermos entendido os verdadeiros princípios por trás da teoria das cordas, aí saberemos como testá-la e talvez finalmente consigamos dizer se ela é a teoria de tudo ou se é uma teoria de nada.

TESTANDO A TEORIA

Apesar de todos os sucessos teóricos da teoria das cordas, ela ainda tem fraquezas gritantes. Qualquer teoria que faça afirmações tão poderosas quanto as que a teoria das cordas faz vai naturalmente atrair um exército de detratores. Precisamos sempre nos lembrar das palavras de Carl Sagan: "Alegações extraordinárias pedem evidências extraordinárias."

(Lembro-me também do cinismo de Wolfgang Pauli, que era um mestre da repreensão. Quando assistia a uma palestra, às vezes ele dizia: "O que você disse foi tão confuso que não dá nem pra saber se você falou besteira ou não." Ele também dizia: "Eu não me importo que você pense devagar, mas me incomoda que você publique mais rápido do que você pensa." Se ele estivesse vivo, talvez usasse essas frases para a teoria das cordas.)

O debate é tão intenso que as melhores mentes da física estão divididas sobre o assunto. Desde a Sexta Conferência Solvay de

O SURGIMENTO DA TEORIA DAS CORDAS: PROMESSAS E PROBLEMAS

1930, quando Einstein e Bohr se estranharam por causa da teoria quântica, não vemos uma divisão tão acentuada.

Ganhadores do Nobel tomaram posições opostas sobre isso. Sheldon Glashow escreveu: "Anos de esforços intensos por dezenas dos melhores e mais brilhantes não nos deram uma única previsão verificável, e aparentemente isso não vai mudar tão cedo." Gerard 't Hooft chegou a dizer que, por mais interessante que seja a teoria das cordas, ela pode ser comparada a "comerciais de TV americanos" — ou seja, são só cores e música, mas sem substância alguma.

Outros enalteceram as qualidades da teoria das cordas. David Gross escreveu: "Einstein teria ficado satisfeito com isso, pelo menos com o objetivo, se não com a conquista em si... Ele teria gostado do fato de que há um princípio geométrico fundamental — que infelizmente ainda não entendemos por completo."

Steven Weinberg comparou a teoria das cordas com o esforço histórico de se encontrar o polo norte. Todos os mapas da Antiguidade tinham um buraco gigante desenhado onde deveria estar o polo norte, mas ninguém jamais havia estado lá. De qualquer lugar da Terra, as bússolas apontavam para esse lugar mítico. Mas todas as tentativas de encontrar o polo norte terminavam em fracasso. Em seu coração, os antigos navegantes sabiam que deveria haver um polo norte, mas ninguém conseguia provar. Alguns até duvidavam de sua existência. Mas, depois de séculos de especulação, finalmente em 1909 o explorador Robert Peary chegou ao polo norte.

Glashow, crítico da teoria das cordas, já admitiu que ele está em minoria nesse debate e certa vez comentou: "Eu me sinto um dinossauro em um mundo que vê surgir os mamíferos."

CRÍTICAS À TEORIA DAS CORDAS

Muitas críticas contundentes já foram feitas à teoria das cordas. Os críticos dizem que ela é só uma modinha; que a beleza por si só não deveria guiar a física; que ela prevê muitos universos; e, o mais importante, que ela não pode ser testada.

Kepler, o grande astrônomo, já foi certa vez enganado pelo poder da beleza. Ele se enamorou pelo fato de que o sistema solar se encaixava como uma série de poliedros regulares, uns dentro dos outros. Séculos antes disso, os gregos já tinham enumerado cinco desses poliedros (por exemplo, o cubo, a pirâmide etc.). Kepler percebeu que, colocando-se esses poliedros sequencialmente uns dentro dos outros, como uma boneca russa, era possível reproduzir alguns detalhes do sistema solar. Era uma ideia bonita, mas acabou se mostrando completamente errada.

Recentemente, alguns físicos criticaram a teoria das cordas alegando que beleza é um critério ruim para se fazer física. Só porque a teoria das cordas tem propriedades matemáticas brilhantes não significa que ela represente a realidade. Eles enfatizam acertadamente que outras teorias bonitas já se revelaram becos sem saída.

Mas é comum que poetas citem a "Ode a uma Urna Grega", de John Keats:

Beleza é verdade, verdade, beleza — isso é tudo
Que sabemos na Terra, e é tudo o que precisamos saber.

Paul Dirac certamente estava seguindo essa máxima quando escreveu que "o pesquisador, em seus esforços para expressar as leis fundamentais da natureza de forma matemática, deve sempre buscar a beleza matemática". Inclusive, ele declarou que descobriu a sua celebrada teoria para o elétron ao manipular fórmulas puramente matemáticas em vez de olhar os dados experimentais.

Mas, por mais poderosa que seja a beleza na física, ela certamente pode levar você por caminhos errados. A física Sabine Hossenfelder escreveu que "belas teorias já foram descartadas às centenas, teorias sobre forças unificadas e novas partículas e simetrias adicionais e outros universos. Todas essas teorias estavam erradas, erradas e erradas. Basear-se em beleza certamente não é uma boa estratégia".

Os críticos afirmam que a teoria das cordas possui beleza matemática, mas isso talvez não tenha nada a ver com a realidade física. Há um grau de validade nessa crítica, mas é preciso perceber que alguns aspectos da teoria das cordas, como a supersimetria, não são inúteis e desprovidos de aplicação física. Ainda que não haja evidências da existência da supersimetria, ela já se mostrou essencial em eliminar muitos dos defeitos da teoria quântica. A supersimetria, ao cancelar bósons com férmions, nos permitiu resolver um problema antigo, eliminando as divergências que assombram a gravitação quântica.

Nem toda teoria bonita tem aplicação física, mas todas as teorias físicas fundamentais que já descobrimos até hoje, sem exceção, têm algum tipo de beleza ou simetria embutido nelas.

ELA PODE SER TESTADA?

A maior crítica à teoria das cordas é que ela não pode ser testada. A energia contida nos grávitons é chamada de energia de Planck,

A EQUAÇÃO DE DEUS

que é um quatrilhão de vezes maior do que a energia produzida no LHC. Imagine tentar construir um LHC um quatrilhão de vezes maior do que o atual! Seria preciso um acelerador de partículas do tamanho da galáxia para se fazer um teste direto da teoria.

Além disso, cada solução da teoria das cordas é um universo por si só. E aparentemente existem infinitas soluções. Para um teste direto da teoria, precisaríamos criar universos bebês em laboratório! Em outras palavras, somente um deus poderia verdadeiramente testar a teoria de forma direta, uma vez que a teoria se baseia em universos, e não somente em átomos ou moléculas.

Então, à primeira vista, parece que a teoria das cordas não passa no critério mais importante de qualquer teoria: testabilidade. Mas os defensores da teoria das cordas não se rendem. Como já mostramos, a maior parte da ciência é feita de forma indireta, examinando ecos do sol, do Big Bang etc.

Da mesma forma, procuramos por ecos da décima e da décima primeira dimensões. Talvez evidências da teoria das cordas estejam escondidas ao nosso redor, mas temos que prestar atenção em seus ecos em vez de tentar uma observação direta.

Por exemplo: um possível sinal vindo do hiperespaço é a existência da matéria escura. Até pouco tempo atrás, era consenso que o universo era feito primariamente de átomos. Os astrônomos ficaram chocados quando descobriram que apenas 4,9% do universo é feito de átomos como o hidrogênio e o hélio. Na verdade, a maior parte do universo está escondida de nós e se apresenta na forma de matéria escura e energia escura. (Não custa lembrar que matéria escura e energia escura são duas coisas bem diferentes. 26,8% do universo é feito de matéria escura, que é matéria invisível que fica ao redor das galáxias e impede que elas se desmanchem pelo espaço. E 68,3% do universo é feito de energia escura, que é algo ainda mais misterioso, a energia do espaço vazio que impulsiona o distanciamento entre as galáxias.) Talvez as provas para uma teoria de tudo estejam escondidas nesse universo invisível.

A BUSCA PELA MATÉRIA ESCURA

A matéria escura é estranha, invisível, mas ainda assim mantém a Via Láctea coesa. Como tem massa mas não tem carga, se você tentasse segurar um punhado de matéria escura na sua mão, ela passaria por entre os dedos como se eles nem existissem. Ela atravessaria o chão, atravessaria o núcleo da Terra e continuaria até o outro lado do planeta, onde a gravidade faria com que parasse e caísse novamente em direção ao núcleo, de volta ao ponto de origem. Ela ficaria oscilando entre o ponto inicial e o lado oposto do planeta, como se a Terra nem estivesse ali.

Mas, por mais estranha que a matéria escura seja, nós sabemos que ela precisa existir. Se analisarmos a rotação da Via Láctea e usarmos as leis de Newton, vamos perceber que não há massa suficiente para contrabalançar a força centrífuga. Dada a quantidade de massa que vemos, as galáxias do universo deveriam ser instáveis e se desmanchar pelo espaço, mas elas têm se mantido estáveis por aí há bilhões de anos. Então temos duas opções: ou as equações de Newton não podem ser usadas para as galáxias ou há alguma coisa invisível que mantém as galáxias coesas. (Lembrem-se de que o planeta Netuno foi descoberto da mesma maneira, um novo planeta postulado para explicar os desvios na órbita do planeta Urano em relação a uma elipse perfeita.)

Atualmente, um forte candidato à matéria escura são as partículas massivas de interação fraca (WIMPs, na sigla em inglês). E entre elas, uma possibilidade é o fotino, o parceiro supersimétrico do fóton. O fotino é estável, tem massa, é invisível, não tem carga, o que se encaixa com as características da matéria escura. Os físicos acreditam que a Terra se move em um vento invisível de matéria escura que provavelmente está atravessando seu corpo agora mesmo. Se um fotino colidir com um próton, ele pode desintegrar o próton, criando uma cascata de partículas subatômicas que pode ser detectada. Atualmente há detectores que são piscinas gigantescas (cheias de líquidos ricos em xenônio e argônio) que podem um dia medir essa faísca provocada por uma colisão de fotino. Há cerca de vinte grupos ativos procurando pela matéria escura, geralmente no interior de minas abaixo da superfície terrestre, longe da interferência dos raios cósmicos. É concebível que a colisão com a matéria escura seja captada por nossos instrumentos. Assim que essa colisão for detectada, os físicos vão estudar as propriedades das partículas de matéria escura e compará-las às propriedades previstas para os fotinos. Se as previsões da teoria das cordas forem comprovadas pelos resultados experimentais, isso seria um grande passo na direção de convencer os físicos de que estamos no caminho certo. Outra possibilidade é que o fotino possa ser produzido pela próxima geração de aceleradores de partículas que está sendo discutida.

ALÉM DO LHC

Os japoneses estão pensando em financiar o Colisor Linear Internacional, que dispararia um feixe de elétrons por um túnel reto

O SURGIMENTO DA TEORIA DAS CORDAS: PROMESSAS E PROBLEMAS

para se chocar com um feixe de antielétrons. Se isso for aprovado, esse equipamento será construído em doze anos. A vantagem de um colisor como esse é que ele usa elétrons em vez de prótons. Como prótons são feitos de três quarks mantidos coesos por glúons, a colisão entre prótons é uma bagunça, com uma cascata de partículas indesejadas sendo criada. O elétron, por outro lado, é uma partícula elementar, então a colisão com um antielétron é muito mais limpa e requer menos energia. Como resultado, com apenas 250 bilhões de elétrons-volts já deverá ser possível recriar o bóson de Higgs.

Os chineses já mostraram interesse em construir um Colisor Circular de Elétrons e Pósitrons. A construção começaria em 2022, e talvez esteja concluída em 2030, a um custo de uns 5 a 6 bilhões de dólares. Esse equipamento atingiria uma energia de 240 bilhões de elétrons-volts e teria uma circunferência de 100 km.

Para não ficar para trás, os físicos do CERN já planejam o sucessor do LHC, chamado de Colisor Circular do Futuro (FCC, na sigla em inglês). Ele chegaria a impressionantes 100 trilhões de elétrons-volts. E também teria 100 km de circunferência.

Não está claro se esses aceleradores serão realmente construídos um dia, mas tudo indica que há esperança de encontrarmos a matéria escura na próxima geração de aceleradores pós-LHC. Se descobrirmos partículas de matéria escura, elas poderão ser comparadas às previsões da teoria das cordas.

Outra previsão da teoria das cordas que pode ser verificada por esses aceleradores é a existência de miniburacos negros. Uma vez que a teoria das cordas é uma teoria de tudo, ela abrange tanto a gravidade quanto as partículas subatômicas, então os físicos esperam encontrar pequenos buracos negros nesses aceleradores. (Esses pequenos buracos negros, diferentemente dos buracos negros estelares, são inofensivos e têm a energia de minúsculas partículas subatômicas, não a energia de estrelas moribundas. Na verdade, a Terra é bombardeada por raios cósmicos muito mais potentes do que qualquer um que possa ser produzido nesses aceleradores, sem qualquer efeito negativo.)

O BIG BANG COMO UM ESMAGADOR DE ÁTOMOS

Há esperança, também, que possamos tirar vantagem do maior esmagador de átomos de todos os tempos, o próprio Big Bang. A radiação do Big Bang pode nos trazer pistas sobre a matéria escura e a energia escura. Em primeiro lugar, o eco, ou o resplendor, do Big Bang é fácil de ser detectado. Nossos satélites já são capazes de observar essa radiação com extrema acurácia.

Imagens dessa radiação cósmica de fundo mostram que ela é incrivelmente homogênea, com ondulações minúsculas surgindo em sua superfície. Essas ondulações representam as pequenas flutuações quânticas que existiam no momento do Big Bang e que foram então amplificadas pela explosão.

O que é controverso, no entanto, é que aparentemente há irregularidades, ou manchas, na radiação de fundo que nós não conseguimos explicar. Há algumas especulações de que essas estranhas manchas sejam evidências de colisões com outros universos. Em particular, a mancha fria da radiação cósmica de fundo é uma região mais fria que se destaca sobre um fundo bastante uniforme da radiação como um todo, que alguns físicos especulam que possa ser o que sobrou de algum tipo de colisão

O SURGIMENTO DA TEORIA DAS CORDAS: PROMESSAS E PROBLEMAS

entre o nosso universo e um universo paralelo no começo dos tempos. Se essas marcas estranhas representarem que o nosso universo interagiu com universos paralelos, então a teoria do multiverso parecerá mais plausível até para os mais céticos.

Já há planos de se colocar detectores no espaço para refinar esses cálculos, através de detectores espaciais de ondas gravitacionais.

LISA

Em 1916, Einstein mostrou que a gravidade podia se mover em ondas. Como os anéis concêntricos criados quando jogamos uma pedra em um lago, Einstein disse que ondas de gravidade se moveriam com a velocidade da luz. Infelizmente, isso seria tão sutil que ele acreditava que não conseguiríamos observar esse fenômeno tão cedo.

Ele estava certo. Foi só em 2016, cem anos depois da sua previsão original, que as ondas gravitacionais foram observadas. O sinal de dois buracos negros que colidiram no espaço há cerca de um bilhão de anos foi medido por detectores gigantescos. Esses detectores, um na Louisiana e o outro no estado de Washington, ocupam, cada um, vários quilômetros quadrados de terreno. Eles se parecem com uma grande letra L, com raios laser sendo emitidos em cada uma das direções representadas pelo L. Quando os dois raios se encontram no centro, criam um padrão de interferência tão sensível às vibrações que eles foram capazes de detectar a colisão dos buracos negros distantes.

Pelo trabalho pioneiro no assunto, três físicos (Rainer Weiss, Kip S. Thorne e Barry C. Barish) ganharam o prêmio Nobel de 2017.

A EQUAÇÃO DE DEUS

Para aumentar a sensibilidade, já se pensa em mandar detectores de ondas gravitacionais para o espaço. O projeto, conhecido como Antena Espacial para Interferometria Laser (LISA, na sigla em inglês), poderá captar vibrações oriundas do próprio Big Bang. Uma versão da LISA consiste em três satélites separados no espaço, conectados entre si por uma série de feixes de laser. O triângulo tem lado de cerca de 1,5 milhão de quilômetros. Quando uma onda gravitacional do Big Bang passar pelo detector, ela fará com que os lasers tremulem um pouco, e isso poderá então ser medido pelos instrumentos sensíveis do equipamento.

A meta final é gravar as ondas de choque do Big Bang e depois passar o filme ao contrário para tentar deduzir a radiação que existia antes do Big Bang. Essas ondas pré-Big Bang seriam então comparadas com as previsões das diferentes versões da teoria das cordas. Desse modo, poderíamos obter dados numéricos sobre o multiverso antes do Big Bang.

Usando instrumentos mais avançados que a LISA talvez pudéssemos conseguir fotos do nosso universo nascendo. E talvez até conseguir evidências do cordão umbilical que unia o nosso universo bebê a um universo anterior a ele.

TESTANDO A LEI DO INVERSO DO QUADRADO

Outra objeção frequente à teoria das cordas é que ela diz que vivemos em dez ou onze dimensões, algo que não possui nenhuma evidência empírica.

Mas isso talvez possa ser testado com instrumentos simples já existentes. Se o nosso universo é tridimensional, então a força da gravidade cai com o quadrado da distância que separa os corpos. Essa famosa lei de Newton é o que guia nossas sondas espaciais

O SURGIMENTO DA TEORIA DAS CORDAS: PROMESSAS E PROBLEMAS

por milhões de quilômetros através do espaço com precisão incrível, de tal forma que conseguiríamos enviar uma nave por entre os anéis de Saturno se quiséssemos. Mas a famosa lei de Newton, do inverso do quadrado, só foi testada em distâncias astronômicas, raramente em laboratório. Se a força da gravidade em distâncias pequenas não obedecer à lei do inverso do quadrado, isso indicaria a presença de outras dimensões. Por exemplo, se o universo tiver quatro dimensões espaciais, a gravidade deverá diminuir com o cubo da distância entre os corpos. (Se o universo tiver N dimensões espaciais, a gravidade diminuirá com a potência $N-1$ da distância entre os corpos.)

Mas muito raramente a força da gravidade foi medida entre dois objetos em laboratório. Esses experimentos são difíceis de serem feitos, uma vez que as forças gravitacionais são bem pequenas no laboratório, mas umas primeiras medições foram feitas no Colorado, com resultados negativos — isso é, a lei de Newton do inverso do quadrado continua valendo. (Mas isso só quer dizer que não há outras dimensões no Colorado.)

O PROBLEMA DA PAISAGEM

Para um teórico, todas essas críticas são constrangedoras, mas não são mortais. O que traz um grande problema para os teóricos é que o modelo parece prever um multiverso composto por universos paralelos, alguns dos quais são ainda mais estranhos do que aqueles imaginados por roteiristas de Hollywood. A teoria das cordas tem um número infinito de soluções, cada uma delas descrevendo uma teoria da gravitação bem-comportada e finita, que não se parece em nada com o nosso universo. Em muitos desses universos paralelos, o próton não é estável e se desfaz em uma nuvem de elétrons e neutrinos. Nesses universos, a matéria complexa como a conhecemos (átomos e moléculas) não pode existir. Eles são recheados por um gás de partículas subatômicas. (Alguns podem dizer que esses universos alternativos são meras possibilidades matemáticas e não são reais. O problema é que a teoria não possui poder preditivo, já que não consegue dizer qual desses universos é o de verdade.)

Esse problema não é exclusivo da teoria das cordas.

Por exemplo, quantas soluções existem para as equações de Newton ou de Maxwell? Infinitas, dependendo do que você estiver estudando. Se começar com uma lâmpada ou um laser e resolver as equações de Maxwell, você encontrará uma solução diferente para cada um dos casos. Então as teorias de Maxwell ou de Newton também têm um número infinito de soluções, dependendo das condições iniciais — isto é, de como você começa a resolvê-las.

Esse é um problema que possivelmente vai acontecer com *qualquer* teoria de tudo. Qualquer teoria de tudo vai ter um número infinito de soluções dependendo das condições iniciais. Mas como sabemos quais foram as condições iniciais do universo todo? Teríamos que colocar as condições do Big Bang na mão arbitrariamente.

Para muitos físicos, isso parece trapaça. Idealmente, você quer que a própria teoria lhe forneça as condições que deram origem ao Big Bang. Quer uma teoria que lhe diga tudo, incluindo a temperatura, densidade e composição do Big Bang original. Uma teoria de tudo deveria de alguma forma conter suas próprias condições iniciais.

O SURGIMENTO DA TEORIA DAS CORDAS: PROMESSAS E PROBLEMAS

Em outras palavras, você quer uma previsão única para o início do universo. Então a teoria das cordas tem coisas demais. Ela prevê o universo? Sim. Isso é uma alegação sensacional, o objetivo dos físicos por quase um século. Mas ela prediz apenas um universo? Provavelmente não. Esse é o chamado problema da paisagem.

Há muitas soluções possíveis para esse problema, e nenhuma é amplamente aceita. A primeira é o princípio antrópico, que diz que o universo é especial porque nós, seres conscientes, estamos aqui para fazer essas perguntas. Em outras palavras, pode ser que haja um número infinito de universos, mas o nosso é o que tem as condições para o surgimento de vida inteligente. As condições iniciais do Big Bang são fixadas no começo dos tempos, de modo que a vida inteligente possa existir nos dias de hoje. Os outros universos talvez não tenham vida consciente neles.

Eu me lembro claramente da primeira vez que tive contato com esse conceito, quando estava na segunda série. Eu me lembro da minha professora falando que Deus amava tanto a Terra que a colocou na "posição certa" em relação ao sol. Não muito perto, ou os oceanos ferveriam; nem muito longe, ou os oceanos congelariam. Mesmo sendo criança, eu fiquei perplexo com esse argumento, porque ele se baseia unicamente na lógica para determinar a natureza do universo. Mas hoje em dia satélites já nos revelaram quatro mil planetas girando ao redor de outras estrelas. Infelizmente, a maioria deles está muito perto ou muito longe das suas estrelas para abrigar vida. Então há duas maneiras de analisarmos o raciocínio da minha professora da segunda série. Pode ser que haja um Deus amoroso no fim das contas; ou talvez haja milhares de planetas mortos que estão muito próximos ou muito distantes, e nós estamos em um planeta que está a uma distância ideal para sustentar vida inteligente que possa debater sobre esse assunto. Da mesma forma, podemos coexistir em um oceano de universos mortos e o nosso universo ser especial tão somente porque estamos aqui para discutir o assunto.

O princípio antrópico permite que se explique um fato experimental curioso sobre o nosso universo: o de que as constantes fundamentais da natureza parecem ter sido ajustadas com precisão para a existência da vida. Como o físico Freeman Dyson já escreveu, parece que o universo sabia que estávamos a caminho. Por exemplo, se a força nuclear fosse um pouquinho mais fraca, o sol nunca teria acendido, e o sistema solar seria escuro. Se a força nuclear fosse um pouquinho mais forte, o sol já teria se exaurido há bilhões de anos. A força nuclear tem a intensidade certa.

Do mesmo modo, se a gravidade fosse um pouquinho mais fraca, talvez o Big Bang já tivesse dado lugar ao Big Freeze, com um universo frio e morto se expandindo. Se a gravidade fosse um pouquinho mais forte, já teríamos chegado ao Big Crunch, e toda a vida teria se extinguido no colapso do universo. Mas a gravidade tem a intensidade certa para permitir que estrelas e planetas se formem e durem tempo suficiente para o surgimento da vida.

Podemos listar vários desses acidentes que tornam a vida possível, e em cada um deles estamos no meio da Zona de Cachinhos Dourados. O universo é uma grande loteria, e nós temos o bilhete premiado. Mas, segundo a teoria do multiverso, isso significa que coexistimos com um grande número de universos mortos.

Então talvez o princípio antrópico possa selecionar nosso universo dentre os milhões de universos na paisagem porque temos vida consciente em nosso universo.

O SURGIMENTO DA TEORIA DAS CORDAS: PROMESSAS E PROBLEMAS

MEU PONTO DE VISTA SOBRE A TEORIA DAS CORDAS

Eu tenho trabalhado com a teoria das cordas desde 1968, então tenho uma opinião bem-formada sobre o assunto. Não importa como você se sinta em relação a ela, a forma final da teoria ainda não foi alcançada. Então é prematuro comparar a teoria das cordas ao universo atual.

Uma característica da teoria das cordas é que ela está sendo desenvolvida de trás pra frente, nos revelando novos conceitos e uma nova matemática à medida que avançamos. A cada década, aproximadamente, acontece uma nova revelação na teoria das cordas que muda o nosso ponto de vista em relação à sua natureza. Eu já fui testemunha de três dessas revoluções fantásticas, e ainda assim nós ainda não conseguimos alcançar uma forma completa para a teoria das cordas. Ainda não conhecemos os seus princípios básicos fundamentais. Só então poderemos compará-la aos experimentos.

REVELANDO A PIRÂMIDE

Eu gosto de usar uma analogia de caça ao tesouro no deserto egípcio. Vamos dizer que, em um belo dia, você encontre uma pequena rocha na areia do deserto. Depois de cavar um pouco a areia ao seu redor, você descobre que aquela pedra é, na verdade, o topo de uma pirâmide gigantesca. Depois de anos e anos de escavações, você descobre vários tipos de câmaras secretas e desenhos. A cada andar você encontra novas surpresas. Finalmente, depois de escavar muitos andares, você chega à última porta e está prestes a abri-la para descobrir quem fez a pirâmide.

A EQUAÇÃO DE DEUS

Eu não acho que estejamos já na base da pirâmide, visto que ainda estamos descobrindo novas camadas matemáticas a cada vez que analisamos a teoria. Há ainda mais camadas a serem reveladas antes que encontremos a forma final da teoria das cordas. Em outras palavras, a teoria é mais inteligente do que nós.

É possível expressar toda a teoria das cordas em termos de uma teoria de campos das cordas através de uma equação de uns poucos centímetros de comprimento. Mas precisamos de cinco dessas equações em dez dimensões.

Ainda que possamos expressar a teoria das cordas como uma teoria de campos, isso ainda não é possível para a teoria-M. Nossa esperança é que algum dia os físicos encontrem uma única equação que sintetize toda a teoria-M. Infelizmente, é reconhecidamente muito difícil representar uma membrana (que pode vibrar de tantas maneiras diferentes) através de uma teoria de campos. A consequência é que a teoria-M se apresenta na forma de um conjunto de equações desconexas que milagrosamente descrevem o que queremos. Se conseguíssemos escrever a teoria--M como uma teoria de campo, então toda a teoria deveria ser resumida em uma única equação.

Ninguém é capaz de prever se e quando isso vai acontecer. Porém, depois de ver toda a badalação em torno da teoria das cordas, as pessoas já estão ficando impacientes.

Mas mesmo entre os cientistas da teoria das cordas há um certo pessimismo sobre o futuro da teoria. Como disse o ganhador do Nobel David Gross, a teoria das cordas é como o topo de uma montanha. À medida que os alpinistas a escalam, o topo pode ser visto claramente, mas parece se afastar quanto mais se aproximam dele. O objetivo está perto, mas parece além do nosso alcance.

Na minha opinião, isso é compreensível, já que ninguém sabe quando (ou se) vamos encontrar a supersimetria em laboratório, mas temos que colocar isso devidamente em perspectiva. A validade ou não de uma teoria deveria ser atestada por resultados concretos, e não pelos desejos subjetivos dos físicos. Cada um de nós torce para que sua teoria favorita seja comprovada em vida. Esse é um desejo essencialmente humano. Mas, às vezes, a natureza opera em seu próprio tempo.

A teoria atômica, por exemplo, demorou 2.000 anos para ser comprovada, e apenas recentemente os cientistas conseguiram imagens nítidas de átomos individuais. Até mesmo as grandes teorias de Newton e Einstein demoraram décadas para que muitas de suas previsões fossem testadas e comprovadas. Buracos negros foram previstos pela primeira vez em 1783 por John Michell, mas somente em 2019 os astrônomos conseguiram produzir uma imagem conclusiva do seu horizonte de eventos.

Acho que o pessimismo de muitos cientistas é equivocado, já que as evidências da teoria talvez não sejam encontradas em algum acelerador de partículas gigante, mas sim quando alguém descobrir a formulação matemática final da teoria.

O ponto aqui é que talvez *não precisemos de uma prova experimental da teoria das cordas*. Uma teoria de tudo é também uma teoria das coisas comuns. Se conseguirmos calcular a massa dos quarks e de outras partículas subatômicas a partir de primeiros princípios, isso pode ser uma prova convincente de que esta seja a teoria final.

O problema não é experimental. O modelo-padrão tem vinte e poucos parâmetros arbitrários que são colocados à mão (como a massa dos quarks e a intensidade da interação entre eles). Temos

A EQUAÇÃO DE DEUS

dados experimentais suficientes sobre massas e acoplamentos das partículas subatômicas. Se a teoria das cordas conseguir calcular de forma precisa essas constantes fundamentais, partindo de primeiros princípios, sem nenhum pressuposto inicial, isso seria, na minha opinião, uma comprovação da sua validade. Seria um feito realmente histórico se os parâmetros conhecidos do universo surgissem de uma única equação.

Mas, quando tivermos essa pequena equação de alguns centímetros, o que fazer com ela? Como evitar o problema da paisagem?

Uma possibilidade é que muitos desses universos sejam instáveis e decaiam, transformando-se no nosso universo. Lembrem-se de que o vácuo, em vez de ser algo sem graça e sem propriedades, é na verdade um borbulhar de universos surgindo e desaparecendo, como em um banho de espuma. Hawking chamava isso de espuma espaço-temporal. A maioria desses pequenos universos-bolha é instável, aparecendo no vácuo e logo em seguida desaparecendo.

Da mesma forma, uma vez que a formulação final da teoria tenha sido encontrada, poderemos mostrar que quase todos esses universos alternativos são instáveis e decaem rumo ao nosso universo. Por exemplo, a escala de tempo natural para esses universos-bolha é o tempo de Planck, 10^{-43}s, um tempo incrivelmente curto. A maioria dos universos só vive durante esse curto intervalo de tempo. Enquanto isso, a idade do nosso universo é de 13,8 bilhões de anos, astronomicamente muito maior do que a vida da maioria dos universos nesse cenário. Ou seja, talvez o nosso universo seja especial nessa paisagem de infinitos universos. O nosso durou mais do que todos os outros, e é graças a isso que estamos aqui tendo esta conversa.

O SURGIMENTO DA TEORIA DAS CORDAS: PROMESSAS E PROBLEMAS

Mas o que fazer se no final de tudo a equação resultante for muito complicada para ser resolvida à mão? Nesse caso, parece ser impossível mostrar que o nosso universo é especial quando comparado a todos os outros universos da paisagem. Se este for o caso, acho que deveríamos tentar uma solução computacional. Este foi o caminho seguido pela teoria dos quarks. Lembrem-se de que as partículas de Yang-Mills agem como se fossem uma cola, juntando quarks na forma de prótons. Mas, depois de 50 anos, ninguém ainda conseguiu provar isso matematicamente. Na verdade, muitos físicos até já desistiram de tentar. As equações de Yang-Mills são resolvidas no computador.

Isso é feito através de uma aproximação, mapeando o espaço--tempo como se fossem pontos em uma rede. Normalmente, pensamos no espaço-tempo como uma superfície homogênea, com um número infinito de pontos. Quando os objetos se movem, eles atravessam essa sequência infinita. Mas podemos fazer uma aproximação e tratar o espaço-tempo como uma grade, uma rede, tipo uma tela de proteção ou um mosquiteiro. À medida que fazemos os espaços dessa rede ficarem cada vez menores, a aproximação se torna o espaço-tempo ordinário e a teoria final começa a surgir. De forma análoga, quando tivermos a equação final da teoria-M, poderemos aplicá-la a uma rede e fazer os cálculos no computador.

Nesse cenário, nosso universo surge como a resposta de um supercomputador. (Nesta hora eu sempre me lembro do *Guia do Mochileiro das Galáxias*, quando um supercomputador gigantesco foi construído para descobrir o sentido da vida. Depois de fazer cálculos durante eras, o computador finalmente concluiu que a resposta para o universo era "42".)

Assim, é possível que a próxima geração de aceleradores de partículas, ou um detector de partículas no interior de uma mina desativada, ou um detector de ondas gravitacionais no espaço, consiga obter evidências experimentais da teoria das cordas. Mas, se isso não acontecer, talvez algum físico mais ousado tenha a resiliência e a visão necessárias para encontrar a formulação matemática final da teoria de tudo. E só então vamos conseguir compará-la aos experimentos.

Provavelmente há mais armadilhas e atalhos a serem enfrentados pelos físicos antes do final desta jornada. Mas eu tenho certeza de que um dia chegaremos à teoria de tudo.

A próxima questão é: de onde veio a teoria das cordas? Se a teoria de tudo foi tão bem projetada, ela teve um projetista? E, se teve, isso quer dizer que o universo tem um sentido e um propósito?

7

ENCONTRANDO SENTIDO NO UNIVERSO

Vimos como o domínio das quatro forças fundamentais do universo não somente nos revelou muitos dos segredos da natureza, mas também lançou as grandes revoluções científicas que alteraram o destino da própria civilização. Quando Newton escreveu as leis do movimento e da gravitação, ele pavimentou o caminho para a Revolução Industrial. Quando Faraday e Maxwell mostraram a equivalência entre as forças elétrica e magnética, isso deu início à revolução elétrica. Quando Einstein e os físicos quânticos mostraram a natureza probabilística e relativística da realidade, isso nos trouxe à revolução da alta tecnologia dos dias atuais.

Mas agora talvez estejamos convergindo para uma teoria de tudo que unifica as quatro forças fundamentais. Então vamos dizer por ora que tenhamos chegado lá, que a nova teoria tenha sido testada com rigor e universalmente aceita por cientistas ao redor do mundo. Que impacto isso terá em nossas vidas, em nosso jeito de pensar, em nossa concepção sobre o universo?

No que diz respeito ao impacto direto em nossas vidas, provavelmente vai ser mínimo. Cada solução da teoria de tudo é um universo inteiro. Portanto, o nível de energia no qual essa teoria se torna relevante é a escala de Planck, que é um quatrilhão de vezes maior do que a energia produzida pelo Grande Colisor de Hádrons. A escala energética da teoria de tudo tem a ver com a criação do universo e com o mistério dos buracos negros, não com as minhas ou as suas coisas.

O verdadeiro impacto dessa teoria em nossas vidas será filosófico, porque ela poderá finalmente responder aos profundos questionamentos filosóficos que têm assombrado grandes pensadores por gerações, como: "É possível viajar no tempo?", "O que aconteceu antes da criação?" e "De onde vem o universo?"

Como o grande biólogo Thomas H. Huxley disse em 1863, "a pergunta de todas as perguntas para a Humanidade, o problema que está por trás de todos os problemas e é mais interessante que todos eles, é a determinação do lugar do Homem na natureza e sua relação com o cosmos".

Mas isso ainda deixa uma pergunta em aberto: o que a teoria de tudo nos diz sobre o sentido do universo?

Helen Dukas, secretária de Einstein, certa vez disse que ele vivia afogado em cartas que lhe imploravam para que explicasse o sentido da vida, e perguntavam também se ele acreditava em Deus. Ele disse que se sentia impotente para responder a todas essas perguntas sobre o sentido do universo.

Nos dias atuais, perguntas sobre o sentido do universo e a existência de um criador ainda fascinam o público em geral.

Em 2018, uma correspondência pessoal que Einstein escreveu pouco antes de morrer foi leiloada. Surpreendentemente, a oferta vencedora para a "carta de Deus" foi de US$ 2,9 milhões, muito além das expectativas da casa de leilões.

Nessa e em outras cartas, Einstein se desesperava tentando responder a perguntas sobre o sentido da vida, mas ele era muito claro sobre o que pensava de Deus. Um problema, ele escreveu, é que há dois tipos de Deus, e geralmente confundimos os dois. Primeiro, há o Deus pessoal, aquele Deus para quem rezamos, o Deus da Bíblia que castiga os filisteus e recompensa os seus adoradores. Ele não acreditava nesse Deus. Ele não acreditava que o Deus que criara o universo interferisse nos assuntos de meros mortais.

No entanto, ele acreditava no Deus de Espinoza — isto é, o Deus ordenador do universo, que é belo, simples e elegante. O universo poderia ser feio, aleatório, caótico, mas em vez disso ele tem uma ordem por trás que é misteriosa e profunda ao mesmo tempo.

Como exemplo, Einstein dizia que se sentia como uma criança entrando em uma grande biblioteca. Ao seu redor, pilhas de livros que continham as respostas para o universo. Sua meta de vida era ler alguns capítulos desses livros.

Ainda assim, ele deixava uma questão em aberto: se o universo é uma grande biblioteca, existe um bibliotecário? Ou existe alguém que escreveu esses livros? Em outras palavras, se todas as leis do universo podem ser explicadas por uma teoria de tudo, então de onde veio essa equação?

E Einstein era movido por uma outra pergunta: Deus teve escolha ao criar o universo?

A EQUAÇÃO DE DEUS

PROVANDO A EXISTÊNCIA DE DEUS

Essas perguntas, no entanto, não são tão diretas quando tentamos provar ou refutar a existência de Deus usando a lógica. Hawking, por exemplo, não acreditava em Deus. Ele escreveu que o Big Bang aconteceu em um breve instante de tempo, então simplesmente não houve tempo suficiente para Deus criar o universo como o vemos.

Na teoria original de Einstein, o universo se expandiu quase que instantaneamente, mas, na teoria do multiverso, o nosso universo não passa de uma bolha coexistindo com outros universos-bolha, que estão sendo continuamente criados.

Se isso é verdade, então talvez o tempo não tenha surgido no Big Bang; talvez tenha havido um tempo antes do início do nosso universo. Cada universo nasce em um breve instante, mas o conjunto de todos os universos que compõem o multiverso pode ser eterno. Assim, a teoria de tudo deixa em aberto a pergunta sobre a existência de Deus.

Ao longo dos séculos, porém, teólogos tentaram a abordagem oposta: usar a lógica para provar a existência de Deus. São Tomás de Aquino, o grande teólogo católico do século XIII, postulou cinco provas famosas da existência de Deus. Elas são interessantes, porque mesmo nos dias de hoje ainda levantam questões profundas sobre a teoria de tudo.

Três são redundantes, portanto, há três provas independentes, se incluirmos também a prova ontológica de Santo Anselmo:

1. A prova cosmológica. As coisas se movem porque são empurradas — isto é, algo as coloca em movimento. Mas o que foi o Primeiro Movente ou a Primeira Causa que colocou o universo em movimento? Só pode ter sido Deus.

2. A prova teleológica. Em todos os lugares à nossa volta vemos objetos muito complexos e sofisticados. Mas todo projeto precisa de um projetista. O Primeiro Projetista foi Deus.
3. A prova ontológica. Deus, por definição, é o ser mais perfeito que se pode imaginar. Mas é possível imaginar-se um Deus que não existe. Mas, se Deus não existisse, ele não seria perfeito. Portanto, ele deve existir.

Essas provas sobre a existência de Deus perduraram por muitos séculos. Até que no século XIX, o filósofo Emanuel Kant encontrou uma falha na prova ontológica, pois perfeição e existência estão em duas categorias diferentes. Ser perfeito não implica necessariamente que algo tenha que existir.

Entretanto, as duas outras provas precisam ser revisitadas sob a ótica da ciência moderna e da teoria de tudo. A análise da prova teleológica é direta. Em todos os lugares à nossa volta vemos objetos muito complexos. Mas a sofisticação dos organismos vivos que nos cercam pode ser explicada pela evolução. Dado um tempo suficiente, o mero acaso pode impulsionar a evolução, através da sobrevivência dos mais adaptados, de modo que projetos cada vez mais sofisticados surjam aleatoriamente a partir de projetos mais simples. Um Primeiro Projetista para a vida não é necessário.

Em contraste, a análise da prova cosmológica não é tão simples. Os físicos de hoje conseguem rebobinar a fita e mostrar que o universo começou com um Big Bang que o colocou em movimento. Mas, para retroceder mais ainda, precisamos usar a teoria do multiverso. No entanto, mesmo que presumíssemos que a teoria do multiverso explique de onde veio o Big Bang, alguém ainda poderia perguntar: de onde veio o multiverso? E, por fim, se alguém afirmar que o multiverso é uma consequência lógica da teoria de tudo, então precisamos perguntar: de onde veio a teoria de tudo?

É aqui que termina a física e começa a metafísica. A física não diz nada sobre como surgem as próprias leis da física. Isso significa que a prova cosmológica de São Tomás de Aquino sobre o Primeiro Movente ou a Primeira Causa permanece relevante ainda nos dias de hoje.

O ponto crucial de qualquer teoria de tudo é provavelmente sua simetria. Mas de onde vem essa simetria? Essa simetria seria uma consequência de verdades matemáticas profundas. Mas de onde vem a matemática? Sobre isso, mais uma vez, a teoria de tudo nada diz.

As questões levantadas por um teólogo católico há oitocentos anos permanecem relevantes ainda hoje, apesar do enorme progresso na compreensão da origem da vida e do universo.

O MEU PONTO DE VISTA

O universo é um lugar incrivelmente belo, ordenado e simples. Eu considero absolutamente incrível que todas as leis conhecidas do universo possam ser escritas em uma única folha de papel.

Nessa folha estará a teoria da relatividade de Einstein. O modelo-padrão é mais complicado, e vai ocupar a maior parte da folha com seu zoológico de partículas subatômicas. Elas descrevem tudo no universo conhecido, desde o interior do próton até as fronteiras do universo visível. Dada a concisão dessa folha de papel, é difícil evitar a conclusão de que tudo isso não tenha sido planejado com antecedência, de que exista um projetista cósmico por trás de tão elegante projeto. Para mim, esse é o melhor argumento em favor da existência de Deus.

Mas a base do nosso entendimento do mundo é a ciência, que se baseia em coisas que são testáveis, reprodutíveis e falsificáveis. Esta é a nossa linha de corte. Em disciplinas como a crítica literária, as coisas vão ficando mais complicadas com o tempo. Os analistas cada vez mais se perguntam o que James Joyce realmente queria dizer neste ou naquele trecho. Mas a física se move no sentido oposto, ficando mais simples e mais abrangente com o tempo, até que tudo passe a ser consequência de um punhado de equações. Eu acho isso notável. Mas os cientistas frequentemente se recusam a admitir que há coisas que vão além do domínio da ciência.

Por exemplo, é impossível provar uma negação.

Digamos que eu queira provar que unicórnios não existem. Ainda que tenhamos percorrido toda a superfície da Terra e nunca tenhamos visto um unicórnio, sempre há a possibilidade de unicórnios existirem em alguma ilha ou caverna desconhecida. Assim, é impossível provar que unicórnios não existem. Isso quer dizer que daqui a cem anos as pessoas ainda vão estar debatendo a existência de Deus e o sentido do universo. Isso porque esses conceitos não são testáveis e, portanto, não podemos bater o martelo. Eles não pertencem à ciência.

Do mesmo modo, mesmo que nunca tenhamos nos encontrado com Deus em nossas viagens pelo espaço sideral, sempre haverá a possibilidade de Deus existir em lugares ainda inexplorados.

Portanto, sou agnóstico. Nós só arranhamos a superfície do universo, e é presunçoso fazer declarações sobre a natureza dele que estão além da capacidade de nossos instrumentos.

A EQUAÇÃO DE DEUS

Mas ainda precisamos confrontar a prova de São Tomás de Aquino, de que é necessária uma Primeira Causa. Em outras palavras, de onde veio tudo isto? Mesmo que o universo tenha começado de acordo com a teoria de tudo, então de onde veio a teoria de tudo?

Eu acredito que a teoria de tudo existe porque ela é a única teoria matematicamente consistente. Todas as outras teorias têm falhas intrínsecas e são inconsistentes. Acredito que, se você começar com uma teoria alternativa, em algum momento vai conseguir provar que $2 + 2 = 5$ — ou seja, essas teorias alternativas acabam se contradizendo.

Não custa lembrar que há muitos obstáculos no caminho rumo à teoria de tudo. Quando acrescentamos as correções quânticas a uma teoria, vemos que ela geralmente vai para o infinito, com divergências, ou que a simetria original é destruída por anomalias. Eu acredito que talvez haja uma única solução para esses problemas, eliminando todas as outras possibilidades. O universo não pode existir em 15 dimensões, pois este universo sofreria com esses problemas. (Na teoria das cordas de dez dimensões, quando calculamos as correções quânticas, elas normalmente possuem um fator D-10, onde D é a dimensionalidade do espaço-tempo. Obviamente, se usarmos $D=10$, estas anomalias desaparecem. Mas, se não usamos $D=10$, chegamos a um universo alternativo cheio de contradições, onde a lógica matemática é violada. Da mesma forma, quando incluímos as membranas e calculamos a teoria-M, vemos que os termos espúrios aparecem com o fator D-11. Portanto, no contexto da teoria das cordas há apenas um universo consistente, onde $2 + 2 = 4$, e ele precisa ter dez ou onze dimensões.)

Essa é uma possível resposta para a pergunta levantada por Einstein em sua busca pela teoria de tudo: Deus teve escolha ao fazer o universo? Este universo é o único possível ou existem várias maneiras de como o universo poderia existir?

Se o que eu penso está certo, então não houve escolha. Só existe uma equação que pode descrever o universo, porque todas as outras são matematicamente inconsistentes.

A equação final para o universo é única. Pode haver uma quantidade infinita de soluções para essa equação-mestre, nos dando uma paisagem grande de soluções, mas a equação em si é única. Isso traz alguma luz à outra pergunta: por que existe algo ao invés de nada?

Na teoria quântica, não existe o nada absoluto. Já vimos que o preto absoluto não existe, então buracos negros são, na verdade, cinzas e evaporam. Da mesma forma, quando trabalhamos com a teoria quântica, vemos que a menor energia possível não é zero. Por exemplo, é impossível atingir o zero absoluto, porque os átomos, em seu estado quântico menos energético, continuam vibrando. (Do mesmo modo, segundo a mecânica quântica, você não consegue atingir o zero de energia, porque sempre terá a energia de ponto zero — ou seja, as menores vibrações quânticas possíveis. Um estado com vibração zero violaria o Princípio da Incerteza, já que energia zero significaria incerteza zero, e isso não é permitido.)

Então, de onde veio o Big Bang? Muito provavelmente foi uma flutuação quântica do Nada. Até mesmo o Nada, o vácuo total, está fervilhando continuamente com partículas de matéria e antimatéria, surgindo do vácuo e sumindo nele. É assim que algo surge do nada.

A EQUAÇÃO DE DEUS

Hawking, como já vimos, chamava isso de espuma espaço-temporal — isto é, uma espuma feita por universos-bolha minúsculos sempre surgindo e desaparecendo a partir do vácuo. Nós nunca vemos essa espuma espaço-temporal, porque cada bolha é muito menor do que um átomo. Mas, de vez em quando, uma dessas bolhas não some no vácuo e começa a se expandir, passando pela inflação e criando um universo inteiro.

Então, por que existe algo ao invés de nada? Porque nosso universo surgiu originalmente das flutuações quânticas do Nada. Diferentemente de inúmeras outras bolhas, nosso universo se desprendeu da espuma espaço-temporal e continua se expandindo até hoje.

O UNIVERSO TEVE UM COMEÇO OU NÃO?

A teoria de tudo nos explicará qual é o sentido da vida? Anos atrás, eu vi um cartaz estranho de uma sociedade de meditação. Notei que ele estampava, com fidelidade, todos os detalhes das equações de supergravidade, em toda a sua glória matemática. Mas atrelado a cada termo da equação havia uma seta que apontava para "paz", "tranquilidade", "união", "amor" etc.

Em outras palavras, o sentido da vida estava incrustado nas equações da teoria de tudo.

Pessoalmente eu não acho que um termo puramente matemático em uma equação física possa ser equivalente ao amor ou à felicidade.

Porém, acredito que a teoria de tudo pode ter algo a nos dizer sobre o sentido do universo. Ainda criança, fui educado no dogma presbiteriano, mas meus pais eram budistas. Essas duas grandes religiões possuem, entretanto, visões diametralmente opostas no que se refere ao Criador. Na Igreja Cristã, houve um momento único em que Deus criou o mundo. Georges Lemaître, teólogo católico e físico, um dos arquitetos da teoria do Big Bang, acreditava que a teoria de Einstein era compatível com o Gênesis.

No Budismo, por outro lado, não há Deus. O universo não tem começo nem fim. Há apenas o eterno Nirvana.

Como podemos então conciliar esses dois pontos de vista diametralmente opostos? Ou o universo teve um começo ou não teve. Não há meio-termo.

Mas a teoria do multiverso nos dá um ponto de vista radicalmente novo sobre essa contradição. Talvez o nosso universo tenha tido um começo, como é dito na Bíblia. Mas talvez Big Bangs estejam ocorrendo toda hora, de acordo com a teoria da inflação, criando um banho de espuma de universos. Talvez esses universos estejam se expandindo em um cenário muito maior, um Nirvana no hiperespaço. Então nosso universo teve um começo e é uma bolha tridimensional flutuando em um Nirvana de onze dimensões, onde outros universos estão sempre surgindo.

Assim, a ideia de multiverso nos permite combinar tanto a mitologia da criação cristã quanto a do Nirvana budista em uma única teoria que é compatível com as leis físicas conhecidas.

SENTIDO EM UM UNIVERSO FINITO

No fim das contas, eu acredito que nós criamos nosso próprio sentido para o universo.

É muito fácil acreditarmos em algum guru, no alto de uma montanha, nos dizendo qual é o sentido do universo. O sentido da vida é algo pelo qual temos que lutar para entender e apreciar. Recebê-lo sem nenhum esforço contraria a própria definição de sentido. Se o sentido da vida fosse de graça, ele perderia o sentido. Tudo o que tem sentido é resultado de esforço e sacrifício, e é merecedor de luta.

Mas é difícil argumentar que o universo tem sentido se o universo vai acabar um dia. A física, de certo modo, já proferiu uma sentença de morte para o universo.

Apesar de todas as discussões profundas sobre sentido e propósito do universo, talvez seja tudo inócuo, porque o universo está destinado a perecer em um Big Freeze. De acordo com a segunda lei da termodinâmica, tudo que existe em um sistema fechado vai um dia decair, enferrujar ou se desmanchar. A ordem natural das coisas é o declínio e o fim eventual de sua existência. Parece inescapável que todas as coisas morram quando o próprio universo morrer. Então, qualquer sentido que tenhamos atribuído ao universo será apagado quando o universo deixar de existir.

Mas pode ser que, mais uma vez, a junção da teoria quântica com a relatividade nos mostre uma saída. Dissemos que a segunda lei da termodinâmica condena o universo a um sistema fechado. E a palavra-chave aqui é *fechado*. Em um universo aberto, onde energia pode vir de fora, é possível reverter a segunda lei.

Por exemplo, um ar-condicionado parece violar a segunda lei porque ele pega o ar quente e caótico e o resfria. Mas esse aparelho está recebendo energia de fora, de um compressor, e, portanto, não é um sistema fechado. Do mesmo modo, até mesmo a vida na Terra parece violar a segunda lei, porque precisamos apenas de nove meses para converter hambúrgueres e batatas fritas em um bebê, o que é verdadeiramente um milagre.

ENCONTRANDO SENTIDO NO UNIVERSO

Como é possível ter vida na Terra? Só é possível porque temos uma fonte externa de energia, o nosso sol. A Terra não é um sistema fechado, e a luz solar nos permite extrair energia do sol para produzir a comida necessária para alimentar um bebê. A segunda lei da termodinâmica tem uma cláusula de escape. A luz do sol possibilita a evolução rumo a formas de vida mais complexas.

Do mesmo modo, é possível usarmos buracos de minhoca para abrirmos portais para um outro universo. Nosso universo parece ser fechado. Mas um dia, talvez, ao encararem a morte do universo, nossos descendentes consigam usar seu conhecimento científico para canalizar energia positiva suficiente para abrir um túnel através do espaço e do tempo e então usar energia negativa (do efeito Casimir quântico) para estabilizar esse portal. Um dia nossos descendentes vão dominar a energia de Planck, a energia na qual o espaço-tempo se torna instável, e usar essa tecnologia poderosa para escapar de um universo moribundo.

Dessa ótica, a gravitação quântica, em vez de ser um exercício matemático no espaço-tempo de onze dimensões, torna-se um barco salva-vidas cósmico e interdimensional que permite que formas de vida inteligente escapem da segunda lei da termodinâmica rumo a um outro universo mais quente.

A teoria de tudo é mais do que uma teoria matemática bonita. Ela pode ser a nossa única salvação.

CONCLUSÃO

A busca pela teoria de tudo nos levou em uma jornada rumo à derradeira simetria unificadora do universo. Do frescor de uma brisa no verão ao magnífico espetáculo do pôr do sol, a simetria que vemos à nossa volta é um fragmento da simetria original que existia no início do tempo. Aquela simetria original da superforça foi quebrada no instante do Big Bang, e vemos seus resquícios onde quer que admiremos a beleza da natureza.

Eu gosto de pensar que somos parecidos com os habitantes bidimensionais da Planolândia, vivendo numa superfície plana mítica, incapazes de perceber a terceira dimensão, considerada crendice. No começo do tempo, na Planolândia, havia um belo cristal tridimensional que, por algum motivo, era instável e se despedaçou em milhões de pedaços que caíram torrencialmente sobre ela. Por séculos, seus habitantes tentam juntar esses pedaços, como num quebra-cabeça. Com o passar do tempo, eles conseguiram montar dois grandes blocos. Um se chama gravitação e o outro, teoria quântica. Por mais que tentassem, nunca conseguiram juntá-los. Até que um dia, um corajoso planolandês fez uma conjectura inovadora que provocou gargalhadas em todos. Por que não, ele disse usando matemática, levantamos um desses blocos rumo a uma terceira dimensão imaginária para que possam se encaixar, um em cima do outro? Quando isso funcionou, os demais planolandeses ficaram maravilhados com a joia brilhante e perfeita que se formou, com sua simetria bela e gloriosa.

Ou, como Stephen Hawking escreveu: "Se um dia descobrirmos uma teoria completa, ela deverá ser eventualmente compreensível, em seus principais pontos, por todos, e não somente por uns poucos cientistas. Então conseguiremos todos, filósofos, cientistas e a população leiga, participar da discussão sobre a questão de por que nós e o universo existimos. Se encontrarmos a resposta para isso, será o triunfo final da razão humana — porque então conheceremos a mente de Deus."

AGRADECIMENTOS

Ao escrever este livro, eu tenho uma dívida profunda com o meu agente, Stuart Krichevsky, que esteve fielmente ao meu lado por todas essas décadas, dando-me sábios e bons conselhos. Eu sempre confio no seu julgamento e no seu entendimento correto tanto de assuntos literários quanto de assuntos científicos.

Eu também quero agradecer ao meu editor, Edward Kastenmeier, que me guiou por vários dos meus livros com sua mão firme e seu olhar aguçado. Foi ele quem sugeriu que eu escrevesse este livro e o acompanhou por todas as suas várias etapas. Este livro não seria possível sem os seus bons e sinceros conselhos.

Quero agradecer também aos meus colegas, parceiros e amigos no ramo da ciência. Eu gostaria de agradecer especialmente aos seguintes ganhadores do prêmio Nobel, por generosamente doarem o seu tempo e compartilharem seus *insights* sobre a física e as ciências: Murray Gell-Mann, David Gross, Frank Wilczek, Steve Weinberg, Yoichio Nambu, Leon Lederman, Walter Gilbert, Henry Kendall, T. D. Lee, Gerald Edelman, Joseph Rotblat,

A EQUAÇÃO DE DEUS

Henry Pollack, Peter Doherty e Eric Chivian. E, finalmente, eu gostaria de agradecer aos mais de 400 físicos e cientistas com quem eu tive o prazer de interagir, tanto como colaboradores na teoria das cordas, quanto como participantes dos meus programas semanais sobre ciências na rádio, nos programas de TV que apresentei para a BBC e para os canais Discovery e Science e no meu trabalho como correspondente científico da CBS.

Para uma lista mais completa dos cientistas com quem eu já tive o prazer de conversar, por favor, veja o meu livro *A física do futuro*. Para uma lista mais completa de cientistas proeminentes da teoria das cordas, cujos trabalhos são citados neste livro, veja meu livro-texto (para estudantes de doutorado) *Introduction to String Theory and M-Theory*.

NOTAS

INTRODUÇÃO À TEORIA FINAL

12   Porém muitos outros também tentaram: No passado, muitos dos gigantes da física tentaram criar suas próprias teorias de campo unificado e falharam. Olhando para trás, vemos que uma teoria do campo unificado deve obedecer a três critérios:

1. Precisa incluir completamente a teoria da relatividade geral de Einstein.
2. Precisa incluir o modelo-padrão das partículas subatômicas.
3. Precisa fornecer resultados finitos.

Erwin Schrödinger, um dos fundadores da teoria quântica, tinha uma proposta para a teoria do campo unificado que, na verdade, já havia sido considerada anteriormente

NOTAS

por Einstein. Não funcionava porque ela não representava corretamente a teoria de Einstein e não conseguia explicar as equações de Maxwell. (Também não possuía nenhuma descrição para elétrons e átomos.)

Wolfgang Pauli e Werner Heisenberg também propuseram uma teoria do campo unificado que incluía campos de matéria fermiônica, mas não era renormalizável e não incorporava o modelo dos quarks, que surgiria décadas depois.

O próprio Einstein investigou uma série de teorias que não deram certo. Basicamente, ele tentou generalizar o tensor métrico para a gravidade e os símbolos de Christoffel, de modo a incluir tensores antissimétricos, em uma tentativa de incorporar a teoria de Maxwell à sua própria teoria. Isso não funcionou. Expandir simplesmente a quantidade de campos na teoria original de Einstein não era suficiente para explicar as equações de Maxwell. Essa abordagem também não incluía a matéria.

Ao longo dos anos houve várias tentativas de simplesmente acrescentar campos de matéria às equações de Einstein, mas elas acabaram divergindo ao nível quântico já no primeiro loop. De fato, computadores têm sido utilizados para o cálculo do espalhamento de grávitons no nível quântico de um loop, e já foi demonstrado de forma conclusiva que o resultado é infinito. Até o momento, a única maneira conhecida para eliminar esses infinitos no nível quântico mais baixo é a supersimetria.

Uma ideia mais radical foi proposta em 1919 por Theodor Kaluza, que escreveu as equações de Einstein em cinco dimensões. Incrivelmente, quando enrolamos uma dimensão em um círculo microscópico, o resultado é o acoplamento do campo de Maxwell ao campo gravitacional de Einstein. Essa abordagem foi estudada por Einstein, mas acabou sendo abandonada porque ninguém sabia como colapsar uma dimensão. Recentemente, essa abordagem foi incorporada pela teoria das cordas, que colapsa dez dimensões em quatro e, no processo, gera o campo de Yang-Mills. De todas as abordagens tentadas para se chegar a uma teoria do campo unificado, o único caminho que sobreviveu até hoje foi o da abordagem multidimensional de Kaluza, generalizada para incluir a supersimetria, as supercordas e as supermembranas.

Mais recentemente, surgiu uma teoria chamada Gravitação Quântica de Loop. Ela investiga a teoria original de Einstein nas quatro dimensões de uma forma inovadora. Ela é, no entanto, uma teoria puramente gravitacional, sem incluir elétrons ou outras partículas subatômicas, e, portanto, não pode ser considerada uma teoria do campo unificado. Ela não faz alusão ao modelo-padrão porque não possui campos de matéria. E, também, não está claro se o espalhamento dos loops múltiplos nesse formalismo é realmente finito. Especula-se que a colisão entre dois loops fornece resultados divergentes.

1. UNIFICAÇÃO — O SONHO ANTIGO

21 "É com Isaac Newton": Steven Weinberg, *Dreams of a Final Theory* (Nova York: Pantheon, 1992), 11.

NOTAS

25   As equações de Newton: Como o *Principia* de Newton foi escrito de uma forma puramente geométrica, fica claro que ele estava ciente do poder da simetria. Também fica claro que ele explorou o poder da simetria de forma intuitiva para calcular o movimento dos planetas. No entanto, como ele não usava a forma analítica do cálculo, que usa símbolos como x^2+y^2, seu original não representa a simetria analiticamente em termos das coordenadas x e y.

32   "Não podemos evitar": Quotefancy.com, https://quotefancy.com/quote/1572216/James-Clerk-Maxwell-We-can-scarcely-avoid-the-inference-that-light-consists-in-the-transverse-undelations-of-the-same-medium--which-is-the-cause-of-electric-and-magnetic-phenomena

33   "Assim, a simetria": Do ponto de vista técnico, as equações de Maxwell não são perfeitamente simétricas no que tange aos campos elétrico e magnético. Por exemplo, os elétrons são a fonte dos campos elétricos, mas as equações de Maxwell preveem a presença de fontes para os campos magnéticos, os chamados monopolos (i.e., polos norte e sul magnéticos isolados), que nunca foram observados. Alguns físicos dizem que esses monopolos serão encontrados um dia.

2. A BUSCA DE EINSTEIN PELA UNIFICAÇÃO

42   "Eu não passo de": Abraham Pais, *Subtle is the Lord* (Nova York: Oxford University Press, 1982), 41.

43   "Uma tempestade se formou": Quotation.io, https://quotation.io/page/quote/storm-broke-loose-mind

NOTAS

44 "Eu devo muito mais a Maxwell": Albert Fölsing, *Albert Einstein*, traduzido e condensado por Ewald Osers (Nova York: Penguin Books, 1997), 152.

45 "Os padrões de um matemático": Wikiquotes.com, https://en.wikiquote.org/wiki/G._H._Hardy.

47 Isso significa que as três: Ainda que a relatividade especial apresente uma simetria em quatro dimensões, como visto pelo simples teorema de Pitágoras em quatro dimensões $x^2+y^2+z^2-t^2$ (em unidades específicas), o tempo é contabilizado com um sinal negativo, diferente das dimensões espaciais. Isso significa que o tempo é de fato a quarta dimensão, mas é de uma categoria diferente. Em especial, isso quer dizer que você não pode ir facilmente para a frente e para trás no tempo (senão, viagens no tempo seriam corriqueiras). É possível ir e voltar à vontade no espaço, mas não no tempo, por conta desse sinal negativo na equação. (Perceba também que fixamos a velocidade da luz em 1, usando unidades específicas, para deixar claro que o tempo é a quarta dimensão para a relatividade especial.)

48 "Como um amigo mais velho": Brandon R. Brown, "Max Planck: Einstein's Supportive Skeptic in 1915", OUPblog, 15 de novembro de 2015, https://blog.oup.com/2015/11/einstein-planck-general-relativity.

53 "Por alguns dias": Fölsing, *Albert Einstein*, 374.

54 "Como se estivesse acompanhando": Denis Brian, *Einstein* (Nova York: Wiley, 1996), 102.

54 "Uma nova verdade científica não": Johann Ambrosius e Barth Verlag (Leipzig, 1948), p. 22, *Scientific Autobiography and other papers*.

NOTAS

56   "Qualquer um que tivesse tido algum contato": Jeremy Bernstein, "Secrets of the Old One — II", *New Yorker*, 17 de março de 1973, 60.

3. A ASCENSÃO DO QUANTUM

73   "Acho que posso afirmar com segurança": https://en.wikiquote.org/wiki/Talk:Richard_Feynman

74   "Eu nunca vou esquecer a cena": citado em Albrecht Fölsing, *Albert Einstein*, traduzido e condensado por Ewald Osers (Nova York: Penguin Books, 1997), 516.

74   "Foi o maior debate": citado em Denis Brian, *Einstein*, (Nova York: Wiley, 1996), 306.

77   Com o sucesso da teoria quântica: Ainda hoje em dia, não há uma solução universalmente aceita para o problema do gato. A maioria dos físicos simplesmente usa a mecânica quântica como um livro de receitas que sempre nos dá a resposta correta e ignora suas consequências filosóficas sutis e profundas. A maior parte dos cursos de mecânica quântica de pós-graduação (incluindo o que eu leciono) apenas cita o problema do gato sem oferecer uma solução definitiva. Muitas soluções já foram propostas, geralmente variações de duas abordagens populares. Uma é reconhecer que a consciência do observador precisa fazer parte do processo de medição. Há variações dessa abordagem, dependendo de como você define "consciência". Outra abordagem, que está ficando cada vez mais popular entre os físicos, é a teoria do multiverso, onde o universo se bifurca, com um universo contendo o gato vivo e o outro, o gato

NOTAS

morto. É impossível mudar de um desses universos para o outro, porque eles "perderam a coerência" entre si — isto é, não estão mais na mesma vibração, então eles não podem mais se comunicar. Da mesma forma que duas estações de rádio não interagem entre si, nós perdemos a coerência com os outros universos paralelos. Assim, universos quânticos bizarros podem coexistir com o nosso, mas a comunicação entre eles é impossível. Talvez tenhamos que esperar mais do que a própria vida do universo para que tenhamos contato com esses universos paralelos.

4. A TEORIA DE QUASE TUDO

84 "Você está caçando um leão": Denis Brian, *Einstein* (Nova York: Wiley, 1996), 359.

84 "Acredito que estou certo": citado em Walter Moore, *A Life of Erwin Schrödinger* (Cambridge: Cambridge University Press, 1994), 308.

85 "Nós aqui no fundo": Nigel Calder, *The Key to the Universe* (Nova York: Viking, 1977), 15.

85 "Foi um encontro fabuloso": citado em William H. Cropper, *Great Physicists* (Oxford: Oxford University Press, 2001), 252.

87 "A concordância numérica": Steven Weinberg, *Dreams of a Final Theory* (Nova York: Pantheon,1992; Nova York: Vintage, 1994), 115.

88 "Essa matemática simplesmente não faz sentido": John Gribbin, *In Search of Schrödinger's Cat* (Nova York: Bantam Books, 1984), 259.

NOTAS

95 "Se eu soubesse que": citado em Dan Hooper, *Dark cosmos* (Nova York: HarperCollins, 2006), 59.

98 "Eu cometi": Frank Wilczek e Betsy Devine, *Longing for Harmonies* (Nova York: Norton, 1988), 64.

100 O físico Sheldon Glashow declarou: Robert P. Crease e Charles C. Mann, *The Second Creation* (Nova York: Macmillan, 1986), 326.

103 Eles perceberam que, ao juntar três teorias: A simetria matemática que agrupa três quarks é chamada de SU(3), o grupo de Lie unitário de grau 3. Então, ao rearrumarmos os três quarks de acordo com a simetria SU(3), a equação final para a força nuclear forte não muda de forma. A simetria que agrupa o elétron e o neutrino pela força nuclear fraca é chamada de SU(2), o grupo de Lie de grau 2. (Normalmente, se começarmos com n férmions, então é simples e direto escrever uma teoria com simetria SU(n).) A simetria da teoria de Maxwell é chamada de U(1). Portanto, ao juntarmos essas três teorias, vemos que o modelo-padrão tem simetria SU(3)xSU(2)xU(1).

Ainda que o modelo-padrão concorde com todos os dados experimentais da física subatômica, a teoria parece artificial, porque ela se baseia na junção dessas três forças.

105 Em segundo lugar, o modelo-padrão: para comparar a simplicidade das equações de Einstein à complexidade do modelo-padrão, lembramos que a teoria de Einstein pode ser resumida em uma equação curta:

$$G_{\mu\nu} \equiv R_{\mu\nu} - \frac{1}{2}Rg_{\mu\nu} = \frac{8\pi G}{c^4}T_{\mu\nu}$$

NOTAS

Enquanto as equações do modelo-padrão (de forma altamente abreviada) precisam de quase uma página inteira para serem escritas, detalhando os vários quarks, elétrons, neutrinos, glúons, partículas de Yang-Mills e partículas de Higgs.

$$\mathcal{L} = -\frac{1}{2}\mathrm{Tr}G_{\mu\nu}G^{\mu\nu} - \frac{1}{2}\mathrm{Tr}W_{\mu\nu}W^{\mu\nu} - \frac{1}{4}F_{\mu\nu}F^{\mu\nu}$$

$$+ (D_{\mu}\phi)^{\dagger}D^{\mu}\phi + \mu^{2}\phi^{\dagger}\phi - \frac{1}{2}\lambda\left(\phi^{\dagger}\phi\right)^{2}$$

$$+ \sum_{f=1}^{3}(\bar{\ell}_{L}^{f}i\not{D}\ell_{L}^{f} + \bar{\ell}_{R}^{f}i\not{D}\ell_{R}^{f} + \bar{q}_{L}^{f}i\not{D}q_{L}^{f} + \bar{d}_{R}^{f}i\not{D}d_{R}^{f} + \bar{u}_{R}^{f}i\not{D}u_{R}^{f})$$

$$- \sum_{f=1}^{3}y_{\ell}^{f}(\bar{\ell}_{L}^{f}\phi\ell_{R}^{f} + \bar{\ell}_{R}^{f}\phi^{\dagger}\ell_{L}^{f})$$

$$- \sum_{f,g=1}^{3}\left(y_{d}^{fg}\bar{q}_{L}^{f}\phi d_{R}^{g} + (y_{d}^{fg})^{*}\bar{d}_{R}^{g}\phi^{\dagger}q_{L}^{f} + y_{u}^{fg}\bar{q}_{L}^{f}\tilde{\phi}u_{R}^{g} + (y_{u}^{fg})^{*}\bar{u}_{R}^{g}\tilde{\phi}^{\dagger}q_{L}^{f}\right),$$

Incrivelmente, sabemos que todas as leis físicas do universo podem, a princípio, ser escritas a partir dessa uma página de equações. O problema é que essas duas teorias — a relatividade de Einstein e o modelo-padrão — se baseiam em matemáticas diferentes, em pressupostos diferentes e em campos diferentes. A meta final é unir esses dois conjuntos de equações de uma maneira única, finita e unificada. O conceito-chave é que qualquer teoria que pretenda ser a teoria de tudo precisa abranger esses dois conjuntos de equações e, ainda assim, permanecer finita. Até agora, de todas as teorias que já foram propostas, a única que preenche todos esses requisitos é a teoria das cordas.

NOTAS

6. O SURGIMENTO DA TEORIA DAS CORDAS: PROMESSAS E PROBLEMAS

143 Meu colega Keiji Kikkawa: O Dr. Kikkawa e eu somos os cofundadores de um ramo da teoria das cordas chamado de "teoria de campos das cordas", que nos permite escrever toda a teoria das cordas no formalismo dos campos, resultando em uma equação simples de pouco mais de alguns centímetros:

$$L = \Phi^\dagger \left(i\partial_\tau - H \right) \Phi + \Phi^\dagger * \Phi * \Phi$$

Ainda que isso nos permita expressar toda a teoria das cordas de forma compacta, ainda não temos a formulação final da teoria. Como veremos, há cinco tipos diferentes de teoria das cordas, e cada um exige uma teoria de campos das cordas. Mas, se formos para a décima primeira dimensão, todas as cinco teorias aparentemente convergem para uma única equação, descrita por algo chamado de teoria-M, que inclui uma série de membranas, bem como as cordas. No momento atual, como as membranas são incrivelmente complicadas de serem tratadas matematicamente, em particular em onze dimensões, ninguém ainda conseguiu resumir a teoria-M em uma única equação de campo. Esse é um dos grandes objetivos da teoria das cordas: encontrar a formulação definitiva da teoria, de onde possamos extrair resultados físicos. Em outras palavras, provavelmente a teoria das cordas ainda não chegou à sua forma final.

NOTAS

150 "Ainda que as simetrias estejam ocultas": citado em Nigel Calder, *The Key to the Universe* (Nova York: Viking, 1977), 185.

154 Logo depois que a teoria-M foi proposta: Mais precisamente, a dualidade descoberta por Maldacena foi entre a teoria de Yang-Mills $N=4$ supersimétrica em quatro dimensões e o tipo IIB da teoria das cordas em dez dimensões. Essa é uma dualidade altamente não trivial, pois mostra a equivalência entre uma teoria de calibre com partículas de Yang-Mills em quatro dimensões e a teoria das cordas em dez dimensões, que normalmente são vistas como coisas distintas. Essa dualidade mostrou a relação profunda entre teorias de calibre, encontradas nas interações fortes em quatro dimensões, e a teoria das cordas em dez dimensões, o que é notável.

158 "O que você disse foi tão confuso": citado em William H. Cropper, *Great Physicists* (Oxford: Oxford University Press, 2001), 257.

159 "Anos de esforços intensos": http://www.preposterousuniverse.com/blog/2011/10/18/column-welcome-to-the-multiverse/comment-page-2.

159 "Eu me sinto um dinossauro": Sheldon Glashow, com Ben Bova, *Interactions* (Nova York: Warner Books, 1988), 330.

160 "O pesquisador": citado em Howard A. Baer e Alexander Belyaev, *Proceedings of the Dirac Centennial Symposium* (Singapura: World Scientific Publishing, 2003), 71.

161 "Belas teorias já foram": Sabine Hossenfelder, "You Say Theoretical Physicists Are Doing Their Job All Wrong. Don't You Doubt Yourself?" Back Reaction (blog), 4 de ou-

NOTAS

tubro de 2018, http://backreaction.blogspot.com/2018/10/
you-say-theoretical-physicists-ar.html

7. ENCONTRANDO SENTIDO NO UNIVERSO

192 "Se um dia descobrirmos uma teoria completa": Stephen
Hawking, *A Brief History of Time* (Nova York: Bantam
Books, 1988), 175.

LEITURA RECOMENDADA

Bartusiak, Marcia. *Einstein's Unfinished Symphony*. Yale University Press, 2017.

Becker, Martin, Melanie Becker e John Schwarz. *String Theory and M--Theory*. Cambridge University Press, 2007.

Crease, Robert P. e Charles Mann. *The Second Creation: Makers of the Revolution in Twentieth-Century Physics*. Nova York: Macmillan, 1986.

Einstein, Albert. *The Special and General Theory*. Mineola, Nova York: Dover Books, 2001.

Feynman, Richard. *Surely You're Joking, Mr. Feynman: Adventures of a Curious Character*. Nova York: Basic Books, 2001.

_____. *The Feynman Lectures on Physics* (com Robert Leighton e Mathew Sands). Nova York: Basic Books, 2010.

Green, Michael, John Schwarz e Edward Witten. *Superstring Theory*, vols. 1 e 2. Cambridge: Cambridge University Press, 1987.

Greene, Brian. *The Elegant Universe: Superstrings, Hidden Dimensions, and the Quest for the Ultimate Theory*. Nova York: W. W. Norton, 2010.

Hawking, Stephen. *A Brief History of Time*. Nova York: Bantam, 1998.

_____. *The Grand Design* (com Leonard Mlodinow). Nova York: Bantam, 2010.

LEITURA RECOMENDADA

Hossenfelder, Sabine. *Lost in Math: How Beauty Leads Physics Astray*. Nova York: Basic Books, 2010.

Isaacson, Walter. *Einstein: His Life and Universe*. Nova York: Simon and Schuster, 2008.

Kaku, Michio. *Parallel Worlds: A Journey Through Creation, Higher Dimensions, and the Future of the cosmos*. Nova York, Random House, 2006.

_____. *Hyperspace: A Scientific Odyssey Through Parallel Universes, Time Warps, and the Tenth Dimension*. Nova York: Oxford University Press, 1995.

_____. *Introduction to String Theory and M-Theory*. Nova York: Springer-Verlag, 1999.

Kumar, Manhit. *Quantum: Einstein, Bohr, and the Great Debate About the Nature of Reality*. Nova York: W. W. Norton, 2010.

Lederman, Leon. *The God Particle: If the Universe is the Answer, What is the Question?* Nova York: Mariner Books, 2012.

Levin, Janna. *Black Holes Blues and Other Songs from Outer Space*. Nova York: Anchor Books, 2017.

Maxwell, Jordan. *The History of Physics: The Story of Newton, Feynman, Schrödinger, Heisenberg and Einstein*. Publicação independente, 2020.

Misner, Charles W., Kip Thorne e John A. Wheeler. *Gravitation*. Princeton: Princeton University Press, 2017.

Mlodinow, Leonard. *Stephen Hawking: A Memoir of Friendship and Physics*. Nova York: Pantheon Books, 2020.

Polchinski, Joseph. *String Theory* vols. 1 e 2. Cambridge: Cambridge University Press, 1999.

Smolin, Lee. *The Trouble with Physics: The Rise of String Theory, the Fall of a Science, and What Comes Next*. Nova York: Houghton Mifflin, 2006.

Thorne, Kip. *Black Holes and Time Warps: Einstein's Outrageous Legacy*. Nova York: W. W. Norton, 1994.

LEITURA RECOMENDADA

Tyson, Neil de Grasse. *Death by Black Hole and Other Cosmic Quandaries.* Nova York: W. W. Norton, 2007.

Weinberg, Steven. *Dreams of a Final Theory: Scientific Search for the Ultimate Laws of Nature.* Nova York: Vintage Books, 1992.

Wilczek, Frank. *Fundamentals: Ten Keys to Reality.* Nova York: Penguin Books, 2021.

Woit, Peter. *Not Even Wrong: The Failure of String Theory and the Search for Unity in Physical Law.* Nova York: Basic Books, 2006.

ÍNDICE

A máquina do tempo (H. G. Wells), 124
aceleração, 47, 49, 50, 52, 84
aceleradores de partículas, 93-94, 175
  Grande Colisor de Hádrons (LHC),
  14-15, 105-107, 161-162, 180
  próxima geração de, 14-15, 164-165, 177-178
Alpher, Ralph, 133
alquimia, 59
Antena Espacial para Interferometria
  Laser (LISA), 167, 168
antimatéria, 71, 72, 122, 151, 187
Aristóteles, 18
asteroides, 24
átomos, 18, 19, 62, 63, 68, 81
  análise de Rutherford sobre, 61, 62
  espaço vazio nos, 62

bala de canhão, movimento de uma,
  21-22, 49, 111
Barish, Barry C., 167
beleza, na matemática e na física, 45,
  46, 160, 161

Bentley, Richard, 128, 131
Berg, Moe, 81
Berkeley, Bishop, 76
Bernstein, Aaron David, 41
Bernstein, Jeremy, 56, 85
Bethe, Hans, 79
Big Bang, 11, 14, 18, 101, 102, 103, 105,
  127, 130, 137, 141, 162
  buraco branco na origem do, 123
  buracos de minhoca e o, 122
  existência de Deus e o, 182
  Grande Colisor de Hádrons (LHC)
  e o, 106, 107
  inflação e o, 134-136
  irregularidades na radiação cósmica de fundo e o, 166,167
  o que levou ao, 188
  quebra de simetria após o, 102-104
  registro de ondas de choque do, 168
  resplendor quântico e o, 132-133,
  166
  teoria do multiverso e o, 168-172,
  183-184

ÍNDICE

teoria quântica aplicada ao, 132-136

Big Crunch, 172

Big Freeze, 137, 172, 190

Big Rip, 137

Bohr, Niels, 74-76, 85, 159

bomba atômica, 81, 82, 86, 96

Born, Max, 72

bóson de Higgs (partícula de Deus), 100, 101, 102, 106, 135, 165

Bósons, 147, 148, 149, 150, 151, 152, 161

Bruno, Giordano, 20

buracos brancos, 123

buracos de minhoca, 13-14, 108, 119-124, 127-128, 191

    matéria negativa e energia negativa e, 122-123, 191

    viagem no tempo e, 121-122, 123-124

buracos negros, 14, 104, 108, 109-121, 124, 137, 141, 167, 175, 187

    buracos brancos e, 123

    horizonte de eventos e os, 113-114, 118, 157

    informação jogada em, 118-119, 156-157

    mini, 165-166

    primeira fotografia de, 106-107

    que giram, 119-121

    solução de Schwarzschild e, 112-113

    tipos de, 114-115

bússola, invenção da, 28

cálculo vetorial, 31, 32

cálculo, 20, 31, 32, 57, 198n

calor:

    dentro da Terra, 61, 96-97

natureza do, 26-28

radiação de corpo negro, 155-157

campo de Higgs, 103, 104

campo de Maxwell, 99, 197n

campo de Yang-Mills, 99, 100, 101, 139, 156, 197n

campos de matéria fermiônica, 196

campos elétricos, 64-65

    campos magnéticos e, 31-32, 38-39, 47, 140, 154-156

campos magnéticos, 64-65, 71

    aceleradores de partículas e, 94

    campos elétricos e, 31-33, 38-39, 47, 139-140, 154-156

    da Terra, 30

    de ímãs, 30, 71

    do elétron, QED e, 87

campos, 143

    cálculo vetorial e, 31, 32

    invenção do conceito de, 29-30

    teoria das cordas escrita no formalismo de, 143, 174-175, 203-204n

céu noturno, escuridão do, 129-130

Chen Ning Yang, 99

cíclotron, 94

Colisor Circular de Elétrons e Pósitrons, 165

Colisor Circular do Futuro (FCC), 165

Colisor Linear Internacional, 164

cometas, movimento dos, 23-26

Comte, August, 77-78

Conferência Solvay (1930), 74, 81, 158

conjectura de proteção cronológica, 125

constante cosmológica, 131, 132, 138

constante de Planck, 64, 65, 66

ÍNDICE

correções quânticas, 64-65, 86-88, 99-100, 105, 106-108, 145, 146-148, 151-152, 186
  buracos negros e, 115-117
  grávitons e, 107-108, 110, 115-117, 118-119, 126-128, 146
  infinitos e, 87, 87-88, 99-100, 107-108, 139-140, 146, 149-150
  na teoria das cordas, 149-150, 151-152
corrente alternada (CA), 37, 38
corrente contínua (CC), 37, 38
Crane, Stephen, 17
Crick, Frances, 91-92
cristalografia com raios X, 91
cromodinâmica quântica (QCD), 100
Curie, Marie e Pierre, 60-61
curvas de tempo fechado (CTCs), 125

Darwin, Charles, 92
decaimento beta, 97
decaimento radiativo, 97
Demócrito, 18
determinismo, 73
Deus, 85, 171-172
  as provas de São Tomás de Aquino e, 182-186
  Einstein pensando sobre, 12-16, 74-75, 84-85, 118-119, 181-182
  questionamentos sobre a existência de, 181-186
dimensões superiores, 13-14
  abordagem de Kaluza e, 196-197n
  na teoria das cordas, 144-145, 153-157, 158, 168-169, 186-187, 203-206n
Dirac, Paul, 70, 71, 72, 87, 88, 147, 150, 160

DNA, 18, 91, 92
dualidade, 33, 65, 155, 156, 205n
dualismo, 90
Dukas, Helen, 180
Dyson, Freeman, 12, 172

E=mc2, 13, 44, 79
eclipse solar, gravidade do sol durante, 52, 53
Eddington, Arthur, 54, 113
Edison, Thomas, 36, 37, 38
efeito Casimir, 191
Ehrenfest, Paul, 74
Einstein, Albert, 12, 14-16, 41-58, 70, 72-73, 80-81, 98-99, 159, 175, 179, 180-182, 188-189, 195-197n
  buracos de minhoca e, 121-122
  buracos negros e, 113-114, 119-122
  constante cosmológica e, 131-132, 137-138
  embate com Bohr, na Conferência Solvay, 73-75, 158-159
  equação E=mc2 de, 13, 44-46, 78-81
  expansão do Universo e, 131-132
  gato de Schrödinger e, 75-77
  Newton comparado a, 56-57
  ondas gravitacionais previstas por, 166-168
  pensando sobre Deus, 12-16, 74-75, 84-85, 118-119, 181-182
  solução de Schwarzschild e, 111-113, 119-120
  que giram, 119-121
  teoria do campo unificada buscada por, 12, 57-58, 83-85, 92-93, 149-150, 186, 195-197n
  viagem no tempo e, 123-125
elementos, 60-61

ÍNDICE

tabela periódica e os, 60-62, 67-69, 150-151

instabilidade dos, 60-61

eletricidade:

corrente CA e CC e, 36-39

descoberta de Faraday da, 12-13, 28-31, 32-33

descobertas de Maxwell e, 31-33

magnetismo unificado com a, 29, 31-33, 38-39, 139-140, 154-156

transistores e, 88-89

eletrodinâmica quântica (QED), 86

elétrons, 12-13, 29, 84-85, 93, 96-97, 98-99, 100-101, 103-104, 105-106, 202-203n

antimatéria e, 71-72

colisores e, 164-165

descoberta por Rutherford dos, 62

espectrografia e os, 78

spin dos, 71, 72, 147-149

superparceiro dos (selétron), 149

teoria de Dirac para os, 70-72, 86, 147-149, 160-161

descobertas de Maxwell e, 31-33

energia de Planck, 161, 191

energia escura, 138, 162, 163, 166

energia zero, 187

energia:

equação E=mc2 de Einstein e, 12-13, 43-45, 78-81

pacotes discretos de (quanta), 64-65

equação de Schrödinger, 66-71

limitações da, 70-71

tabela periódica e a, 67-69

teoria de Dirac para o elétron e a, 68-72

equações de Maxwell, 31-33, 37-38, 39, 64-65, 70, 87, 103-104, 139-140, 141, 195n, 196-197n

dualidade da eletricidade e do magnetismo nas, 32-33, 47, 97-98, 154-156

para a luz, 31-33, 42-44, 64-65, 86, 141

quantidade infinita de soluções para as, 169-171

simetria quadridimensional nas, 47

teoria de Yang-Mills e as, 98-100

usos das, 34-35, 36-39

era das máquinas, 13

espaço-tempo, 13, 52, 55, 57, 103, 107, 121, 122, 134, 144, 151, 177, 186, 191

espectrógrafo, 78

espuma espaço-temporal, 176, 188

estrelas escuras, 111

estrelas, 12-13, 53-54, 107-108, 136-138

composição química das, 78-79

escuras, 111-112

escuridão do céu noturno e, 129-131

horizonte de eventos de, 112-114

solução de Schwarzschild e, 111-112

teoria da gravidade de Newton e, 128-130

Euler, Leonhard, 142

evaporação de buracos negros 117

evidências indiretas, 18, 78, 162

evolução, 183

falso vácuo, 102, 103, 135,

Faraday, Michael, 13, 28, 29, 30, 31, 33, 57, 71, 103, 142, 179

Fermi, Enrico, 95, 148,

férmions, 147, 148, 149, 150, 151, 152, 161, 202

Feynman, Richard, 73, 86, 96, 99, 139, 145, 146

ÍNDICE

força eletromagnética, 12-14, 31-39, 87-88, 98-99, 103-104, 107-108, 151-152, 179
   comunicação e a, 32-35
   eletrificação e a, 36-39
   espectro EM e a, 34-37
   unificação da força nuclear fraca com a, 97-99
   unificação da gravidade com a, 57-58
força nuclear forte, 93, 100, 104, 202n
força nuclear fraca, 97, 98, 104
força nuclear, 12-13, 58, 61, 92-96, 96-101, 107-108, 156-157, 172-173
   forte, 13-14, 93, 96-97, 98-99, 100-101, 101-102, 103-104, 139-140, 151-152, 172-173, 202-203n
   fraca, 13-14, 93, 96-99, 101-102, 103-104, 139-140, 151-152, 202-203n
forças:
   conceito de campo e, 29-30,
   mecânica newtoniana e, 20-24, 31, 43, 48-49, 179
fotinos, 164
fótons, 64-65, 86, 107-108, 139-140, 148-149, 163-164
   lasers e, 88-90
Franklin, Rosalind, 91
Fraunhofer, Joseph von, 78, 79
futuro, previsão do, 73-74

gaiola de Faraday, 30, 31
galáxias, 108, 114, 125, 131, 132, 133, 134, 137, 150, 162, 163,
Galileu, 20, 31, 48
Gamow, George, 132, 133

gato de Schrödinger, 75
Gell-Mann, Murray, 95, 96, 98, 99, 100, 193
Gervais, Jean-Loup, 148
Glashow, Sheldon, 98, 100, 159
glúons, 105, 165, 203
Gödel, Kurt, 124, 125
GPS, 55, 56s
Grande Colisor de Hádrons (LHC), 14-15, 105-107, 161-162, 180
   sucessores do, 14-15, 164-165
Gravidade Quântica de Loop, 197n
gravidade quântica, teoria finita da, 106-108, 126-127, 133-134, 145-146, 147-148, 152-153, 156-157, 161-162, 190-191, 196-197n
gravidade, 13-14, 84-85, 98-99, 101-102, 110, 151-152, 172-173
   acrescentada à teoria da relatividade de Einstein, 47-53
   buracos negros e, 113-115
   conceito de simetria e, 23-26
   criação do universo e, 127-130
   destino do universo e, 136-138
   do Sol durante um eclipse solar, 53-54
   dualidade entre teoria de calibre e, 155-157
   energia do sol e, 78-79
   GPS e, 55-57
   lei do inverso do quadrado e, 168-170
   modelo-padrão e, 105, 106-107
   no horizonte de eventos, 112-114
   solução de Schwarzschild e, 111-113, 119-120
   teoria das cordas e, 143, 145-146, 155-157

ÍNDICE

teoria e leis de Newton da, 12-13,20-27, 30, 45-46, 48, 111, 112-113, 127-130, 141, 168-171, 179
    unificação do eletromagnetismo com, 57-58
    velocidade de escape e, 111-112
grávitons, 107-108, 196-197n
    aplicando a mecânica quântica aos, 107-108, 110, 138-140
    correções quânticas e os, 107-108, 110, 115-117, 118-119, 126-128, 146
    energia de Planck e os, 161-162
    teoria das cordas e os, 143, 145-146, 147-149, 161-162
Green, Michael, 145
gregos, 17, 18, 33, 77, 79, 95, 160
Gross, David, 159, 174, 193
Guth, Alan, 134, 135

Halley, Edmond, 23
Hardy, G. H., 45
Hawking, Stephen, 11, 114-120, 176, 181-182, 187-188, 192
    buracos negros e, 115-119
    viagem no tempo e, 125-126
Heinlein, Robert, 126
Heisenberg, Werner, 13, 72, 74, 76, 81, 82, 85, 196, 208n
hélio, 77, 79, 89, 162
Herman, Robert, 133
Herschel, William, 34
Hertz, Heinrich, 33
hidrogênio, 44, 61, 67, 78, 79, 89, 162
Hitler, Adolf, 79, 80
Hooft, Gerard ´t, 99, 100, 139, 146, 159
horizonte de eventos, 113, 114, 118, 157, 175,
Hossenfelder, Sabine, 161

Hubble, Edwin, 131, 132
Huxley, Thomas H., 180

infinitos, 64, 129-130, 196-197n
    correções quânticas e, 87, 88, 99-100, 107-108, 146, 149-150
inflação, 134, 135, 136, 188, 189
internet, 13, 88

Kaluza, Theodor, 196n, 197n
Kant, Emanuel, 183
Keats, John, 160
Kelvin, Lord, 61
Kepler, Johannes, 19, 20, 31, 130, 160
Kerr, Roy, 119, 120
Kikkawa, Keiji, 143, 204n

lasers, 13, 32, 88, 89, 157, 168
Lawrence, Ernest, 94
Le Verrier, Urbain, 26
lei do inverso do quadrado, 168, 169
Lemaître, Georges, 189
léptons, 104
LHC veja Grande Colisor de Hádrons
Linde, Andrei, 134
LISA veja Antena Espacial para Interferometria Laser
lua, órbita da, 22
luz infravermelha, 34
luz ultravioleta, 35
luz, 101-102
    como uma onda eletromagnética, 31-32
    do sol, análise espectrográfica da, 78-79
    interação do elétron com a, 70
    pacotes discretos de (quanta), 64-65

ÍNDICE

prismas e, 22-23, 34-35, 78
propriedades de onda e de partícula da, 64-66, 139-140
radiação de corpo negro e, 63-64
relatividade especial e, 41-44, 48, 57
teoria de Maxwell da, 31-33, 42-43, 64-65, 86, 141
teoria de Newton da, 22-23, 34-35, 41
teoria quântica dos elétrons e, 86-88
unificação da força nuclear fraca e a, 98-99
veja também velocidade da luz

magnetismo, 28-33, 179
descobertas de Faraday e, 12-13, 28-31
descobertas de Maxwell e, 31-33
eletricidade unificada com, 29, 31-33, 38-39, 47, 139-140, 154-156
Maldacena, Juan, 154, 155, 205n
máquina a vapor, 27, 28
Marconi, Guglielmo, 33
massa crítica, 82
matéria escura, 138, 162, 163, 164, 165
matéria negativa e energia negativa, 122-123, 129
matéria:
equação $E=mc2$ de Einstein e, 12-13, 44-45, 78-79, 80-81
propriedades fundamentais da, 59-62
Maxwell, James Clerk, 13, 31, 32, 33, 34, 36, 37, 38, 39, 42, 43, 44, 47, 57, 63, 65, 70, 86, 87, 88, 98, 99, 104, 139, 141, 155, 179, 196

mecânica quântica, 14-15, 58, 63-82, 83-84, 86-108, 141, 143, 157-158, 179, 199-200n
acurácia da, 72-73, 76-77
análise espectrográfica e a, 78-79
aplicada à força nuclear, 92-95, 96-101
aplicada à luz, 64-66
aplicada à relatividade geral, 101-102, 106-107, 110, 119-120, 133-134, 138-140, 141, 145-146, 190-191
Big Bang e, 101-102, 132-137
cristalografia com raios X e a, 90-92
debatida na Conferência Solvay, 73-75, 158-159
do elétron interagindo com o fóton, 86-88
energia zero e a, 186-188
equação de Schrödinger e a, 66-71
força vital e a, 89-93
gato de Schrödinger e a, 75-77, 199-201n
interpretações probabilísticas e a, 71-74, 179
o nada na, 116-118, 186-188
princípio da incerteza e a, 72-74, 116-119, 133-134, 187-188
projeto da bomba atômica nazista e a, 78-82
revolução high-tech e a, 87-90
tabela periódica e a, 67-69
membranas, veja teoria-M
Mendeleyev, Dmitri; veja também tabela periódica
Mercúrio, 52, 53, 112
Michell, John, 111, 175
Mills, Robert L., 99
modelo-padrão, 100-108, 139-140, 150-151, 175, 184-185, 202-204n

ÍNDICE

aplicado à cosmologia, 133-134, 135-136

bóson de Higgs e o, 100-101, 102-103, 106-107

problemas com o, 104-106

quebra de simetria e o, 101-104

moléculas, 67-68, 70, 117-118, 137-138, 161-162, 169-170

código da vida e, 90-93

cristalografia com raios X e, 90-92

em movimento, calor como, 26-28

movimento, teoria newtoniana do, 13, 20-24

nada, na teoria quântica, 117-118, 187-188

Nambu, Yoichiro, 142, 193

Netuno, 26, 53, 163

neutrinos (partículas fantasmagóricas), 13, 97, 98, 101, 104, 105, 139, 148, 170, 203

nêutrons, 62, 79, 80, 81, 93, 95, 98, 101, 148, 156

Newton, Isaac, 12-13, 20-29, 31, 34-35, 39, 41, 44-45, 47, 50-51, 102-103, 163-164, 175, 179

alquimia e, 59

calor explicado por, 26-28, 63-64, conceito de simetria e, 23-26

confirmação das leis de, 25-29

determinismo e, 72-74

Einstein comparado a, 56-57

equações de Maxwell incompatíveis com o trabalho de, 39

falhas nas equações de, quando aplicadas ao universo, 127-130, 163-164

lei do inverso do quadrado, 168-170

Principia de, 22-23, 57, 111, 198-199n

quantidade infinita de soluções para as equações de, 169-171

relatividade de Einstein em conflito com, 43, 45-49, 50-51, 52-55

revolução quântica e, 63-65, 66-67, 72-74

seta do tempo e, 125

teoria da gravidade e equações de, 12-13, 20-27, 30, 45-46, 48, 111, 112-113, 127-130, 141, 168-171, 179

teoria da luz de, 22-23, 34-35, 41

teoria das forças (ou movimento) de, 20-24, 31, 43, 48-49, 52-53, 179

Nielsen, Holger, 142

núcleo:

análise de Rutherford sobre o, 61-62, 93-94

movimento do elétron ao redor do, 67-69

partícula subatômicas encontradas no, 94-96, 96-99

O que é vida? (Schrödinger), 90

Observatório de Monte Wilson, 131, 132

ômega-menos, 95

ondas de elétrons, 65-68

análise de Schrödinger para, 66-69

movimento em camadas distintas ao redor do núcleo, 67-69

probabilidade e, 71-73

ondas de partículas, 66-67

ondas gravitacionais, 167, 168, 178

Oppenheimer, Robert, 86, 87, 95, 114

ÍNDICE

paradoxo de Olbers, 130
partícula de Yang-Mills, 107, 143, 146, 148, 177, 203n
partículas massivas de interação fraca (WIMPS), 164
partículas subatômicas, 12-13, 14-15, 62, 95, 175-176
    constante de Planck e, 64-65
    força nuclear e, 93, 96-98
    Grande Colisor de Hádrons (LHC) e, 105-107
    modelo-padrão e, 100-107, 108, 139-140, 184-185
    spin de, 71, 72, 147-149
    Teoria de Yang-Mills e, 98-101
    tipos de, 62, 148-149
partículas virtuais, 117
Pauli, Wolfgang, 85, 98, 158, 196
Peary, Robert, 159
Penzias, Arno, 133
Pitágoras, 18, 19, 143
Planck, Max, 48, 54, 63, 64, 65, 80
planetas:
    composição dos, 77
    movimento dos, 19-22
planolandeses, 192
Poe, Edgar Allan, 130
polo norte, 30, 159
Poor, Charles Lane, 54
Pope, Alexander, 24
pósitron 71
prêmio Nobel, 54, 73, 76, 80, 95, 98, 100, 159, 167, 174, 193
Principia (Newton), 23, 57, 111, 198n
princípio antrópico, 171, 172
princípio da equivalência, 49, 84
princípio da incerteza, 72, 116, 133
princípio holográfico, 156

prismas 23, 34, 78
probabilidade, 72, 73, 118
problema da paisagem, 169, 176
problema da planicidade, 134
projeto da bomba atômica nazista, 81-82
Projeto Genoma Humano, 92
Projeto Manhattan, 81
prótons, 62, 96-97, 148-149, 164
    aceleradores de partículas e, 94, 165
    forças nucleares e, 93

QCD veja cromodinâmica quântica
QED veja eletrodinâmica quântica
quanta, descoberta feita por Planck, 63, 64, 65
quarks, 12-13, 95-96, 98-99, 105-106, 195n
    simetria de três quarks e, 95-96, 98-99, 100-101, 103-104, 202-203n
    teoria de Yang-Mills e, 98-101, 177, 196-197n
quebra de simetria, 101-104

radiação cósmica de fundo (CMB), 133, 166
radiação cósmica de fundo, 133, 166
radiação de corpo negro, 63, 78, 117, 130
radiação de grávitons, 123
radiação de Hawking, 117, 118
radiação quântica, emitida por buracos negros, 116
rádio (elemento químico), 60, 61, 62, 93
rádio, invenção do, 13, 33, 34
rádiotelescópio de Holmdel, 133
raios X, 35, 36, 91
reação em cadeia, 81

ÍNDICE

relatividade especial, 43-44, 47-48, 52-53, 57, 70, 84-85, 86, 87-88, 198-200n
  GPS e, 55-57
  insights de Einstein que o levaram à, 41-44, 47
relatividade geral, 47-57, 84-85, 86, 143, 195n
  aplicada ao universo, 130-132, 136-139
  GPS e a, 55-57
  gravidade como espaço curvo na, 47-53
  insight de Einstein sobre a gravidade e a, 48-49
  mecânica quântica aplicada à, 101-102, 106-107, 110, 119-120, 133-134, 138-140, 141, 145-146, 190-191
  solução de Schwarzschild e a, 111-113, 119-120
Renascença, 19
renormalização, 87, 88, 107, 150
revolução high-tech, 13, 88
Revolução Industrial, 13, 27, 179
Rosen, Nathan, 121
Rutherford, Ernest, 30, 61, 62, 93

Sagan, Carl, 158
Sakita, Bunji, 148
Salam, Abdus, 98
São Tomás de Aquino, 182, 184, 186
satélites, 89-90, 132, 167-168, 171-172
  GPS e, 55-57
  radiação cósmica de fundo detectada por, 133-134, 166-167
Schrödinger, Erwin, 12-14, 72-74, 75-77, 79-80

força vital e, 89-91
  teoria do campo unificado e, 84-85, 195n
Schwarz, John, 144, 145
Schwarzschild, Karl, 112, 113, 119
Schwinger, Julian, 86, 87, 139
sentido da vida, 188-191
Shakespeare, William, 50, 73
simetria, 23-26, 44-47, 71-72, 184-185, 191-192
  beleza da, 44-46
  campos de Yang-Mills e, 99-100
  de três quarks, 95-96, 98-99, 100-101, 103-104, 202-203n
  dualidade e, 32-33, 154-157, 203-206n
  entre os campos elétrico e magnético, 32-33, 139-140
  importância da, 146-148, 149, 150-152
  latente na natureza, 150-151
  modelo-padrão e, 100-106
  quadrimensional, de Einstein, 44-47, 57, 70, 83-85, 95-96, 196-197n, 198-200n
  reconhecimento do poder da, por Newton, 198-199n
  supersimetria e, 148-151, 152-153, 161-162
singularidade, 120, 123
Snyder, Hartland, 114
sol, 76-79, 113-114
  composição química do, 77-79
  fonte de energia do, 78, 79-81
  gravidade do, durante um eclipse solar, 53-54
  órbita da Terra ao redor do, 24-26, 30, 49-50, 51-52
  temperatura do, 64

ÍNDICE

spartícula, 149

spin, de partículas subatômicas, 71, 147, 148

supercomputadores, 13, 110

supernovas, 114, 127

supersimetria, 146, 148, 149, 150, 152, 161, 175, 196, 197n

Susskind, Leonard, 142

Suzuki, Mahiko, 142

Szilard, Leo, 80

tabela periódica, 60-61, 62, 150-151
    equação de Schrödinger e a, 67-69

telefones celulares, 34-36, 55-56

Telescópio Horizonte de Eventos, 109-110

telescópios, 44, 51, 122, 130

tempo de Planck, 176

tempo:
    buracos de minhoca e, 121-122
    como a quarta dimensão, 46-47, 57, 70, 123-124, 198-200n
    espaço-tempo e, 46-47, 57, 70, 95-96, 177
    movimento com a velocidade da luz e, 43-44
    no horizonte de eventos, 112-114
    seta vs. rio, 125

teorema de Pitágoras, 25, 46, 47, 155, 199n

teoria da relatividade, 41-57, 179, 184-185, 202-204n
    confirmação da, 52-57
    simetria quadridimensional da, 44-47, 57, 70, 83-85, 95-96, 196-197n, 198-200n
    unificação do espaço e do tempo e da matéria e da energia na, 44-45

teoria das cordas, 12-13, 118-119, 140, 141-178
    a visão particular de Kaku sobre, 172-178
    como um conjunto de equações independentes, 142-143, 174-175
    concepção da realidade e, 157-158
    correções quânticas e, 149-150, 151-152
    críticas à, 14-16, 158-163
    dimensões superiores na, 144-145, 153-154, 155-157, 158, 168-169, 174-175, 186-187, 203-206n
    dualidade na, 154-157, 203-206n
    gravidade incluída na, 143, 145-146
    matéria escura e, 162-164, 165, 166
    na forma de teoria de campos, 143, 174-175, 203-204n
    poder preditivo da, 15-16, 162-169
    princípio holográfico e, 156-158
    problema da paisagem e, 15-16, 169-173, 176-177, 186-187
    supersimetria na, 146-153, 160-162, 174-175, 196-197n
    teoria-M e, 152-154, 155, 156, 158, 174-175, 177, 186-187, 203-204n
    testabilidade da, 14-15, 161-163, 175-176, 177-178

teoria de calibre, 156, 205n

teoria de Yang-Mills, 98-101, 203-206n
    teoria das cordas e, 154-156

teoria do campo unificado, 195-197n
    busca de Einstein por, 12, 57-58, 83-85, 92-93, 149-150, 186-187, 195-197n
    de Schrödinger, 84-85, 195n
    Heisenberg-Pauli, 85, 195n

teoria do multiverso, 13-16, 125, 135-136, 167-168, 169-173, 181-183, 188-190
Big Bang e a, 169-173, 183-184, 188-190
buracos de minhoca e a, 120-121
o gato de Schrödinger e a, 76-77, 199-201n
princípio antrópico e a, 170-171
resíduos de colisões e a, 166-167
universos-bolha e a, 135-137, 176, 181-182, 187-188, 189-190
viagem no tempo e a, 126-127
teoria eletrofraca, 98
teoria-M, 152, 153, 154, 155, 174, 177, 186, 204n
termodinâmica, segunda lei da, 190, 191
Terra:
calor dentro da, 61, 97
campo magnético da, 30-31
formato esférico da, 24-26
idade da, 61, 132
matéria negativa e a, 122-123
órbita da, 24-26, 30, 49-50
unificação das leis físicas na, com as leis dos corpos celestes, 20-22
velocidade de escape da, 111
Tesla, Nikola, 36, 37, 38
Thorne, Kip S., 167
Tomonaga, Shin'Ichiro, 86, 139
transistores, 88

universo:
cálculo da idade do, 132
destino final do, 136-139, 190-191
dimensões no, 144-145, 157-158, 168-170, 186
energia escura no, 108, 137-139, 162-163

escuridão do céu noturno e, 129-131
existência de Deus no, 181-186
expansão descontrolada do, 136-139
finito, significado no, 189-191
idade do, 176
inflação e o, 134-137
nascimento do, 101-104, 108, 127-128, 129-130, 132-137, 170-171
primeiras tentativas de entender o, 17-20
problema da planicidade e o, 134-135
problemas com as equações de Newtons quando aplicadas ao, 127-130, 163-164
quebra da simetria original, 101-104
relatividade geral aplicada ao, 130-132, 136-139
teoria de tudo e sentido no, 180-181
unificação das leis da física através do, 78-79
universos paralelos, veja teoria do multiverso
universos-bolha, 102-103, 136, 176, 182, 188, 189
urânio, 61, 62, 75, 80, 81, 82
Urano, 26, 163

Valera, Éamon de, 84
velocidade da luz, 31-32, 70, 121-122, 166-167
teoria da relatividade e, 43-44
velocidade de escape e, 111-112
velocidade de escape, 111
Veltman, Martinus, 100

ÍNDICE

Veneziano, Gabriele, 142

Via Láctea, 114, 134, 163

viagem no tempo, 13-14, 108, 123-128
conjecturas de Hawking sobre, 125-126
paradoxos lógicos associados à, 126-127
universos paralelos e, 126

vida, 89-93
dualismo e, 90-91
molécula de DNA e, 91-93
sentido da, 187-191

visão, comprimentos de onda eletro-magnética e, 35-36

Watson, James D., 91, 92

Weinberg, Steven, 21, 87, 98, 150, 159, 193

Weiss, Rainer, 167

Wells, H. G., 124

Wheeler, John, 74

White, T. H., 122

Wilson, Robert, 133

WIMPS, 164

Witten, Edward, 143, 153,

Yang-Mills:
campos de, 99, 100, 101, 139, 156, 197n
partículas de, 107, 143, 146, 148, 177, 203n
teoria de, 98-101, 203-206n

Este livro foi composto na tipografia Minion Pro,
em corpo 12/16, e impresso em
papel off-white no Sistema Cameron da
Divisão Gráfica da Distribuidora Record.